风力发电生产
反事故措施及典型案例

陈立伟　刘银顺　主编

中国电力出版社
CHINA ELECTRIC POWER PRESS

内 容 提 要

随着风力发电的快速发展，风力发电生产事故也呈逐年上升趋势，其中人身伤亡、火灾、倒塔，风力发电机组主要部件损坏、超速、全场停电、电气设备等类事故比较突出。

本书根据国家级行业标准、反事故重点要求等文件，结合风力发电安全生产特点，总结提炼了风力发电生产重点反事故措施，从人员管理、基建阶段、生产运营阶段进行阐述，内容包括防止人身伤亡事故，防止火灾事故，防止电气误操作事故，防止系统稳定破坏事故，防止机网协调及风电大面积脱网事故，防止大型变压器损坏和互感器事故，防止 GIS、开关设备事故，防止接地网和过电压事故，防止输电线路事故，防止污闪事故，防止电力电缆损坏事故，防止继电保护事故，防止电力调度自动化系统、电力通信网及信息系统事故，防止并联电容器装置事故，防止电场全停及重要客户停电事故，防止风力发电机组倒塔事故，防止风力发电机组主要部件损坏事故，防止风力发电机组超速事故共 18 项重点反事故措施。

本书适用于风电企业生产运行、维护及安全管理人员使用，以及风电基建安装等工程技术人员使用。

图书在版编目（CIP）数据

风力发电生产反事故措施及典型案例 / 陈立伟，刘银顺主编 . —北京：中国电力出版社，2019.5
ISBN 978-7-5198-3121-9

Ⅰ.①风… Ⅱ.①陈… ②刘… Ⅲ.①风力发电－发电厂－安全事故－案例 Ⅳ.① TM62

中国版本图书馆 CIP 数据核字（2019）第 078988 号

出版发行：中国电力出版社
地　　址：北京市东城区北京站西街 19 号（邮政编码 100005）
网　　址：http://www.cepp.sgcc.com.cn
责任编辑：宋红梅（010-63412383）
责任校对：黄　蓓　常燕昆
装帧设计：赵丽媛
责任印制：吴　迪

印　　刷：三河市万龙印装有限公司
版　　次：2019 年 5 月第一版
印　　次：2019 年 5 月北京第一次印刷
开　　本：787 毫米 ×1092 毫米　16 开本
印　　张：8.75
字　　数：138 千字
印　　数：0001—2000 册
定　　价：48.00 元

本书编委会

主　编	陈立伟　刘银顺	
副主编	金　安　孙亚林　孟利平　吴　锐	
参　编	巩家豪　王金山　刘昌华　段向阳　周振百　张海明	
	杨鑫磊　盛旭满　宋祥斌　刘春雷　于润权　郭世勇	
	高长岳　曹占友　周亚强　刘天雷　王大福　王东辉	
	张晓伟　蔡　艺　蔡新民	

前　言

　　为适应电力生产不断发展的需要，提高风电企业控制安全生产风险的能力，深入落实"安全第一，预防为主，综合治理"方针，进一步加强风电企业安全生产监督与管理，完善电力生产事故预防措施，有效防止风电企业电力事故的发生，编者依据 GB 6095《安全带》、GB 19155《高处作业吊篮》、GB 26164.1《电业安全工作规程（热力机械部分）》、GB 26859《电力安全工作规程（电力线路部分）》、GB 26860《电力安全工作规程（发电厂和变电站电气部分）》、GB 50168《电气装置安装工程电缆线路施工及验收规范》、GB 50172《蓄电池施工及验收规范》、GB 50370《气体灭火系统设计规范》、GB 51096《风力发电场设计规范》、GB/T 700《碳素结构钢》、GB/T 1591《低合金高强度结构钢》、GB/T 4798.6《环境条件分类　环境参数组分类及其严酷程度分级　船用》、GB/T 6096《安全带测试方法》、GB/T 20626.1《高原电子产品通用技术要求》、NB 31089《风电场设计防火规范》、NB/T 31001《风力发电机组塔形筒制造技术条件》、NB/T 31004《风力发电机组振动状态监测导则》、NB/T 31017《双馈风力发电机组主控制系统技术规范》、NB/T 31030《陆地和海上风电场工程地质勘察规范》、NB/T 31039《风力发电机组雷电防护系统技术规范》、NB/T 31052《风力发电场高处作业安全规程》、DL 5009.3《电力建设安全工作规程》、DL 5027《电力设备典型消防规程》、DL/T 666《风力发电场运行规程》、DL/T 724《蓄电池直流电源装置运行与维护技术规程》、DL/T 781《电力用高频开关整流模块》、DL/T 796《风力发电场安全规程》、DL/T 797《风力发电场检修规程》、DL/T 1476《电力安全工器具预防性试验规程》、DL/T 5044《电力工程直流系统设计技术规程》、FD 002《风电场工程等级划分及设计安全标准》、CECS 391《风力发电机组消防系统技术规程》、国家能源局《防止电力生产事故的二十五项重点要求》(国能安全〔2014〕161号),编写了本书,内容包括"防止人身伤亡事故,防止火灾事故,防止电气误操作事故,防止系统稳定破坏事故,防止机网协调及风电大面积脱网事故,防止大型变压器损坏和互感器事故,防止GIS、开关设备事故,防止接地网和过电压事故,防止输电线路事故,防止污闪事故,防止电力电缆损坏事故,防止继电保护事故,防止电力调度自动化系统、电力通信网及信息系统事故,防止并联电容器装置事故,防止电场全停及重要客户停电事故,防止风力发电机组倒塔事故,防止风力发电机组主要部件损坏事故,防止风力发电机组超速事故"等要求。

风力发电企业贯彻学习使用本书,可切实降低风电企业安全生产风险,杜绝重特大安全生产事故发生,不断提高安全生产水平和发电能力,确保可持续发展。

编者

2019.4

目 录

前言

① 防止人身伤亡事故   1

   1.1 防止高处坠落事故 1

   1.2 防止触电事故 4

   1.3 防止物体打击事故 7

   1.4 防止机械伤害事故 10

   1.5 防止起重伤害事故 12

   1.6 防止中毒与窒息伤害事故 15

   1.7 防止电力生产交通事故 17

② 防止火灾事故   20

   2.1 加强防火组织与消防设施管理 20

   2.2 防止电缆着火事故 21

   2.3 防止变压器着火事故 22

   2.4 防止风力发电机组着火事故 23

   2.5 防止风电引发森林、草原着火事故 26

③ 防止电气误操作事故   29

   3.1 防电气误操作管理措施 29

   3.2 防电气误操作技术措施 30

④ 防止系统稳定破坏事故   32

   4.1 电源 32

4.2　二次系统 32

4.3　无功电压 33

5　防止机网协调及风电大面积脱网事故 35

5.1　防止机网协调事故 35

5.2　防止风力发电机组大面积脱网事故 35

6　防止大型变压器损坏和互感器事故 39

6.1　防止变压器出口短路事故 39

6.2　防止变压器绝缘事故 40

6.3　防止变压器保护事故 43

6.4　防止分接开关事故 44

6.5　防止变压器套管事故 45

6.6　防止冷却系统事故 46

6.7　防止互感器事故 47

7　防止 GIS、开关设备事故 51

7.1　防止 GIS（包括 HGIS）、六氟化硫断路器事故 51

7.2　防止隔离开关、接地开关事故 53

7.3　防止开关柜事故 55

8　防止接地网和过电压事故 58

8.1　防止接地网事故 58

8.2　防止雷电过电压事故 60

8.3　防止变压器过电压事故 61

8.4　防止谐振过电压事故 61

8.5　防止弧光接地过电压事故 62

8.6　防止无间隙金属氧化物避雷器事故 62

9　防止输电线路事故 64

9.1　防止倒塔事故 64

9.2　防止断线事故 ……………………………………………… 65

9.3　防止绝缘子和金具断裂事故 ……………………………… 66

9.4　防止风偏闪络事故 ………………………………………… 67

9.5　防止覆冰、舞动事故 ……………………………………… 67

9.6　防止鸟害闪络事故 ………………………………………… 69

9.7　防止外力破坏事故 ………………………………………… 69

10　防止污闪事故 71

10.1　防污闪设计与设备选型 ………………………………… 71

10.2　生产维护与技术管理 …………………………………… 72

11　防止电力电缆损坏事故 73

11.1　防止电缆绝缘击穿事故 ………………………………… 73

11.2　防止外力破坏和设施被盗 ……………………………… 74

11.3　防止单芯电缆金属护层绝缘故障 ……………………… 75

12　防止继电保护事故 77

12.1　规划配置与设计选型 …………………………………… 77

12.2　二次回路与等电位接地网 ……………………………… 79

12.3　工程施工与运行维护 …………………………………… 81

13　防止电力调度自动化系统、电力通信网及信息系统事故 84

13.1　防止电力调度自动化系统事故 ………………………… 84

13.2　防止电力通信网事故 …………………………………… 86

13.3　防止场站信息系统事故 ………………………………… 90

14　防止并联电容器装置事故 93

14.1　并联电容器装置用断路器 ……………………………… 93

14.2　高压并联电容器 ………………………………………… 93

14.3　外熔断器 ………………………………………………… 94

14.4　串联电抗器 ……………………………………………… 94

14.5 放电线圈 95

14.6 避雷器 95

14.7 电容器组保护部分 96

15 防止电场全停及重要客户停电事故 98

15.1 防止电场全停事故 98

15.2 防止重要用户停电事故 101

16 防止风力发电机组倒塔事故 104

16.1 风力发电机组基础 104

16.2 塔架 106

16.3 高强螺栓 107

16.4 叶轮 109

16.5 机械保护 110

17 防止风力发电机组主要部件损坏事故 113

17.1 防止发电机损坏事故 113

17.2 防止齿轮箱损坏事故 115

17.3 防止变流器损坏事故 117

17.4 防止主轴及轮毂损坏事故 119

17.5 防止叶片损坏事故 120

18 防止风力发电机组超速事故 123

18.1 变桨系统 123

18.2 制动系统 124

18.3 控制系统 126

1 防止人身伤亡事故

1.1 防止高处坠落事故

1.1.1 人员要求

1.1.1.1 高处作业人员必须经县级以上医疗机构体检合格（体格检查至少每两年一次），凡患有高血压、心脏病、癫痫、恐高症、美尼尔氏综合症及运动功能障碍等不适宜高空作业疾病的人员，不得从事高空作业。

1.1.1.2 登高作业人员，必须经过专业技能培训，并应取得合格证书方可上岗。

1.1.2 作业环境要求

1.1.2.1 高处作业应设有合格、牢固的防护栏，防止作业人员失误或坐靠坠落。作业立足点面积要足够，跳板进行满铺及有效固定。

1.1.2.2 登高用的支撑架、脚手架材质合格并装有防护栏杆，支撑架、脚手架搭设牢固并经验收合格后方可使用；每次作业前，工作负责人应进行脚手架的整体检查，在冬季时作业人员应清除脚手架的冰雪，并采取适当的防滑措施；使用中严禁超载，防止发生架体坍塌坠落，导致人员踏空或失稳坠落；使用吊篮悬挂机构的结构件应有足够的强度、刚度和配重及可固定措施。

1.1.2.3 基坑（槽）临边应装设由钢管 ϕ48mm×3.5mm（直径×管壁厚）搭设带中杆的防护栏杆，防护栏杆上除警示标示牌外不得拴挂任何物件，以防作业人员行走踏空坠落。作业层脚手架的脚手板应铺设严密、采用定型卡带进行固定。

1.1.2.4 洞口应装设盖板并盖实，表面刷黄黑相间的安全警示线，以防人员行走踏空坠落，洞口盖板掀开后，应装设刚性防护栏杆，悬挂安全警示板，夜间应将洞口盖实并装设红灯警示，以防人员失足坠落。

1.1.2.5 风力发电机组塔架爬梯安全绳、安全滑轨应完好，安全轨道顶端应有防脱落装置，爬梯旁应挂"必须系安全带""必须戴安全帽""必须穿防护鞋"等指令标识，机舱内安全绳固定点、高空应急逃生定位点应清晰标明；塔架内照明设施应满足现场作业需要。机舱内外需要作业的地方易滑处应有防滑垫和安全轨等防护措施。

1.1.2.6　每半年应对风力发电机组塔架内安全绳、爬梯、工作平台等检查维护一次。

1.1.3　管理要求

1.1.3.1　工作人员进入现场应戴安全帽,登高作业应系合格的安全带,登风机作业应穿防护鞋、戴防滑手套、使用防坠落保护装置。登高作业所用安全带、防坠落保护装置等劳动防护用品应检测合格,外观检查不合格的禁止使用。在高处作业应设专人监护。

1.1.3.2　在 8m/s 以上的大风以及暴雨、雷电、冰雹、大雾等恶劣天气,应停止露天高处作业。特殊情况下,需在恶劣天气进行抢修时,应组织人员充分讨论制定必要的安全措施,经本单位分管生产的领导(总工程师)批准后方可进行。

1.1.3.3　正确使用安全带,安全带必须系在牢固物件上,防止脱落。高处作业不具备挂安全带的情况下,应使用防坠器或安全绳。若安全绳有可能与锋利面接触,需要采取防护措施或者更改挂点。

1.1.3.4　登高作业应使用两端装有防滑套的合格梯子,梯阶的距离不应大于40cm,并在距梯顶 1m 处设限高标志。使用单梯工作时,梯子与地面的斜角度为60°左右,梯子有人扶持,以防失稳坠落。

1.1.3.5　拆除工程必须制定安全防护措施,制定正确的拆除程序,不得颠倒,以防建(构)筑物倒塌坠落。

1.1.3.6　对强度不足的作业面(如石棉瓦、铁皮板、采光浪板、装饰板等),人员在作业时,必须采取加强措施,以防踏空坠落。

1.1.3.7　攀爬风力发电机组时,风速不应高于该机型允许登塔风速;但风速超过 18m/s 及以上时,禁止任何人员攀爬风力发电机组。

1.1.3.8　攀爬风力发电机组前,应将机组置于停机状态并调至就地控制,禁止两人在同一段塔架内同时攀爬;上下攀爬机组时,通过塔架平台盖板后,应立即随手关闭;随身携带工具人员应后上塔、先下塔;到达塔架顶部平台或工作位置,应先挂好安全绳,后解防坠器;在塔架爬梯上作业,应系好安全绳和定位绳,安全绳严禁低挂高用。任何时候都要保证至少有 2 人在机组上工作并相互通信畅通。

1.1.3.9　风速超过 12m/s 时，不应在风力发电机组机舱外和轮毂内工作，不应打开风力发电机组机舱盖（含天窗）。出风力发电机机组机舱工作必须使用安全带，系两根安全绳。在机舱顶部作业时，应站在防滑表面，使用机舱顶部栏杆作为安全绳挂钩定位点时，每段栏杆最多悬挂两个。

1.1.3.10　风力发电机组塔架内应安装符合设计、制造要求的助爬器、免爬器、电控升降机、吊篮和电梯等辅助登塔设备，电控升降机、吊篮和电梯等应由有资质单位进行安装验收和定期检测合格后方可使用；使用人员应熟练掌握辅助登塔设备的使用方法，使用前检查不合格的严禁使用。

案 例　高处不系安全带　工作人员把命丧

● 事故经过

　　某风电场 3 名员工组成工作班，办理工作票后开始到风电机组机舱内工作。工作结束后，甲首先下塔，乙和丙在机舱内收拾工具，约 2～3min 后，乙、丙二人听到塔筒内传出 2～3 次异常声响，急忙下塔查看。在沿爬梯下行过程中，发现二层平台上有安全帽、工作鞋等遗落，发现甲摔落在一层平台爬梯底部，身体周围及塔筒内壁上有大量血迹，乙、丙二人拨打急救电话，后经抢救无效确认甲死亡。

● 事故原因

　　（1）甲没有按规定携带和使用安全滑块（相当于未系安全带）。

　　（2）工作负责人乙在工作开始前，未对工作班成员逐条讲解危险点及安全防范措施，未逐个检查工作班成员安全防护用品的配备情况。

● 预防措施

　　（1）登高及高处作业必须系好安全带（包括安全滑块）；严禁将助爬器的环形钢索作为安全钢丝绳使用。

　　（2）工作负责人（监护人）必须严格履行安全监护职责；工作票签发人要审查工作的必要性和安全性，要确认工作票上所填安全措施正确完备，确认所派工作负责人和工作班人员适当和充足。

1.2　防止触电事故

1.2.1　技术措施

1.2.1.1　现场临时用电的检修电源箱必须装自动空气开关、漏电保护器、接线柱或插座，专用接地铜排和端子、箱体必须可靠接地，接地、接零标识应清晰，并固定牢固。

1.2.1.2　风力发电机组内所有可能被触碰的 220V 及以上低压配电回路电源，应装设满足要求的漏电保护器。漏电保护器必须每年进行一次检验，不合格者不得使用，每次使用前应手动试验合格。

1.2.1.3　电气设备必须装设保护接地（接零），不得将接地线接在金属管道上或其他金属构件上。雨天操作室外高压设备时，绝缘棒应有防雨罩，还应穿绝缘靴。雷电时严禁进行就地倒闸操作。

1.2.1.4　同塔双回或多回架设输电线路的杆塔，应将杆塔顶部和底部按回涂以不同颜色进行区分。

1.2.2　管理措施

1.2.2.1　凡从事电气操作、电气检修和维护人员（统称电工）必须经专业技术培训及触电急救培训并合格方可上岗，其中属于特种作业的需取得"特种作业操作证"。

1.2.2.2　凡从事电气作业人员应佩戴合格的个人防护用品。高压绝缘鞋（靴）、高压绝缘手套等必须选用具有国家"劳动防护品安全生产许可证书"资质单位的产品且在检验有效期内。作业时必须穿好工作服、戴安全帽，穿绝缘鞋（靴），根据工作需要戴绝缘手套。

1.2.2.3　绝缘安全用具（绝缘操作杆、验电器、携带型短路接地线等）必须选用具有"生产许可证""产品合格证""安全鉴定证"的产品，使用前必须检查是否贴有"检验合格证"标签及是否在检验有效期内且完好无损坏。

1.2.2.4　选用的手持电动工具必须具有国家认可单位发的"产品合格证"，使用前必须检查工具上贴有"检验合格证"标识，检验周期为 6 个月。使用时必须接在装有动作电流不大于 30mA、一般型（无延时）的漏电保护器的电源上，并不得提着电动工具的导线或转动部分使用；严禁将电缆金属丝直接插入插座内使用。

1.2.2.5 在高压设备作业时，人体及所带的工具与带电体的最小安全距离，应符合表 1-1 的要求。

表 1-1 人体与带电体的最小安全距离

电压等级（kV）	10 及以下	20 ~ 35	66 ~ 110	220	330	500
最小安全距离（m）	0.35	0.6	1.5	3.0	4.0	5.0

在低压设备作业时，人体与带电体的安全距离不低于 0.1m。当高压设备接地故障时，室内不得接近故障点 4m 以内，室外不得接近故障点 8m 以内，进入上述范围的人员必须穿绝缘靴，接触设备的外壳和构架应戴绝缘手套。

1.2.2.6 高压电气设备带电部位对地距离不满足设计标准时，周边必须装设防护围栏，门应加锁，并挂好安全警示牌。在做高压试验时，必须装设围栏，并设专人看护，非工作人员禁止入内。操作人员应站在绝缘物上。

1.2.2.7 当发觉有跨步电压时，应立即将双脚并在一起或用一条腿跳着离开导线断落地点。

1.2.2.8 在地下敷设电缆附近开挖土方时，严禁使用机械开挖。

1.2.2.9 严禁用湿手去触摸电源开关以及其他电气设备。

1.2.2.10 为防止发生电气误操作触电，操作时应遵循以下原则：

（1）停电：断路器在"分闸"位置时，方准拉开隔离开关。

（2）验电：先检验验电器是否完好，并设监护人，方准进行验电操作。

（3）装设地线：先挂接地端，再挂导体端。拆除时，则顺序相反。严禁带电挂（合）接地线（接地开关）。

1.2.2.11 严禁无票操作及擅自解除高压电气设备的防误操作闭锁装置，严禁带接地线（接地开关）合断路器（隔离开关）及带负荷合（拉）隔离开关，严禁误入带电间隔。

1.2.2.12 风力发电机组变、输电线路杆塔应按规定悬挂"高压危险"等标识牌。所有需要停电的作业，在一经合闸即送电到作业点的开关设备操作把手上应挂"禁止合闸，有人工作"标识牌。

1.2.2.13 在电感、电容性设备上作业前或进入其围栏内工作时，应将设备充分接地放电后方可进行。

1.2.2.14 维护风力发电机组的发电机电气回路前，必须停电、验明三相确无电压，并装设接地线和悬挂标识牌；在对风力发电机组进行电气测试的时候，要通知到作业现场的每一个人；对于永磁直驱型发电机组，检修发电机系统任何部件前必须可靠机械锁定叶轮。

1.2.2.15 测量风力发电机组网侧电压和相序时必须戴绝缘手套，并站在干燥的绝缘台或绝缘垫上；风力发电机组启动并网前，应确保电气柜柜门关闭，外壳可靠接地。

1.2.2.16 雷雨天气不应安装、检修、维护和巡检风力发电机组。若在风力发电机组上工作时发生雷雨，应及时撤离；来不及撤离时，可双脚并拢站在塔架平台上，不得触碰任何金属物体；风力发电机组遭雷击后 1h 内不得接近该机组。

案 例 违章作业勾扳手 拉弧放电人受伤

● 事故经过

某风电场两名员工到风电机组塔底从事更换 UPS 及网侧滤波电容工作，两人将风电机组转入维护状态，对电容器组进行了放电，用万用表检测工作部分确无残余电压后，开始更换工作。工作快结束时，在塔筒外等后的驾驶员听到塔筒内传来爆炸声，并有白烟冒出，随后在塔底工作的二人从塔内跑出，身上工作服着火，在驾驶员的帮助下将二人身上的火扑灭并拨打了急救电话，本次事故造成一人重伤、一人轻伤。

● 事故原因

（1）工作人员在工作结束恢复接线过程中，不慎将使用的钢质扳手掉落到变流器 690V 进线电缆附近，员工甲违章拆除电缆外部安全防护挡板，用螺丝刀勾取扳手，螺丝刀两端误碰带电的 A 相母排和变流柜体，造成单相接地并拉弧放电，弧光引燃的工作服将甲、乙二人烧伤。

（2）不办理工作票在风电机组和电气设备上作业。

● 预防措施

（1）风电机组变频器的断路器、主接触器断开后，断路器、主接触器与电网侧相连的母排、导电轨等属于带电设备，严禁违章移动、拆除、破坏安全防护以进入带电区域。

（2）严禁不办理工作票在风电机组和电气设备上作业。严禁超出工作票规定的工作范围和工作流程进行作业，特殊情况确需扩大作业范围和安全措施的，必须重新办理工作票。

（3）在开工前工作负责人应现场对工作班成员逐条进行危险点分析和安全交底，工作过程中，工作负责人应对工作班成员执行安全措施的情况进行监督检查，工作班成员之间要相互监督检查，及时发现和制止不安全行为。

1.3　防止物体打击事故

1.3.1　通用措施

1.3.1.1　进入生产现场人员必须进行安全培训教育，掌握相关安全防护知识，从事手工加工的作业人员，必须掌握工器具的正确使用方法及安全防护知识，从事人工搬运的作业人员，必须掌握撬杠、滚杠、跳板等工具的正确使用方法及安全防护知识。

1.3.1.2　进入现场的作业人员必须戴好安全帽。人工搬运的作业人员必须戴好安全帽、防护手套，穿好防砸鞋，必要时戴好披肩、垫肩、护目镜。

1.3.1.3　高处作业时，必须做好防止物件掉落的防护措施，下方设置警戒区域，并设专人监护，不得在工作地点下面通行和逗留。上、下层垂直交叉同时作业时，中间必须搭设严密牢固的防护隔板、罩栅或其他隔离设施。高处作业必须佩带工具袋时，工具袋应拴紧系牢，上下传递物件时，应用绳子系牢物件后再传递，严禁上下抛掷物品。高处作业下方应设警戒区域，并设专人监护。

1.3.1.4　高处临边不得堆放物件，空间小必须堆放时，必须采取防坠落措施，高处场所的废弃物应及时清理。

1.3.2 风力发电机组专项措施

1.3.2.1 风力发电机组基础附近应设置"风机塔筒 120m 范围内有落物风险，请不要逗留"警示牌。

1.3.2.2 风力发电机组作业时，车辆应停泊在塔架上风向并与塔架保持 20m 及以上的安全距离，非作业人员不得停留在该机组半径 120m 之内；机舱作业前，安全带、工具包和油桶等物品要摆放合理。

1.3.2.3 使用风力发电机组升降机从塔底运送物件到机舱时，必须严格按照起重作业管理规定执行。每次使用吊车，工作负责人必须安排人员监护，物品起吊后，禁止人员在起吊物品下方逗留，同时要做好现场警戒工作，防止人员进入。

1.3.2.4 风力发电机组叶片有结冰现象且有掉落危险时，应禁止人员靠近，并应在风电场各入口处设置安全警示牌；风力发电机组手动启动前叶轮上应无结冰、积雪现象；停运叶片结冰的机组，应采用远程停机方式。

案例　运货司机误操作　设备倾翻人砸伤

● 事故经过

由某风电施工现场，起架班屈××（起重指挥）、柳××（死者）到现场配合 16t 汽车吊准备卸车。

9 时 45 分左右，16t 吊车先行到位，起重指挥屈××、起重班综合作业手柳××做吊车打支撑脚，准备起吊用钢丝绳等工作。

9 时 50 分左右，运货汽车到位后，司机徐××在没有得到任何指令，也没有对汽车周边环境进行检查的情况下，即开始松卸设备在运输中所采取的安全措施。在撤卸完两个绑扎葫芦时，运输车上的设备发生倾翻并滑向车下，将正在进行吊车打脚的柳××砸伤，柳××在送往第二人民医院的途中死亡。

● 事故原因

（1）运货司机徐××在没有得到任何指令，也没有对汽车周边环境进行检查的情况下，即开始松卸设备在运输中所采取的安全措施。

（2）对司机的安全思想教育不到位，管理不规范，不仅在装车时摆放固定不规范和严重超载，而且在车况存在众多不安全因素的情况下，既未安排押运人员，也未向司机交待应注意的安全事项，加之司机安全意识淡薄，缺乏相应的工作经验和专业技术知识，为了抢进度而盲目冒险作业。

● 预防措施

（1）加强《电力安全工作规程》学习，掌握相应的工作经验和专业技术知识。

（2）现场作业人员强化安全意识，对可能出现的不安全因素应有的警觉和防范意识。

案　例　电机拆卸蛮用力　门牙脱落鼻骨断

● 事故经过

某风电场风机厂家两名维护人员在更换轮毂进行变桨作业时，电机与减速机连接螺栓拆卸完成后其中一名维护人员双手抱住电机往出拔，因电机与减速器连接比较紧，未能顺利拔出，经过晃动、敲击电机，仍未能拔出。另外一名维护人员尝试将电机拔出，因用力过大，电机拔出一瞬间电机撞到其面部，电机和人一同向后摔倒，维护人员腰部撞到电气柜角，检查伤者面部及头部被电机撞伤，多处出血，经医院检查除门牙脱落，鼻骨断裂。

● 事故原因

（1）维护人员未能按照检修作业工艺规范进行作业，电机拆卸应使用顶丝将电机拔出，然后人力抬下。

（2）维护人员安全意识淡薄，在作业前未能全面分析作业过程中存在的危险点，未能在作业过程中有效落实保护人身和设备安全的措施。

● 预防措施

（1）检修维护作业应严格按照检修工艺规范要求进行，禁止使用蛮力粗暴作业。

（2）工作负责人应该梳理作业过程各细节并做好安全讲解，同时在作业过程中做好监护，做到及时分析和提醒。

1.4 防止机械伤害事故

1.4.1 通用措施

1.4.1.1 操作人员必须经过专业技能培训，并掌握机械（设备）的现场操作规程和安全防护知识。

1.4.1.2 操作人员必须穿好工作服，衣服、袖口应扣好，不得戴围巾、领带，长发必须盘在帽内，操作时必须戴防护眼镜，必要时戴防尘口罩、穿绝缘防砸鞋。操作钻床时，不得戴手套，不得在开动的机械设备旁换衣服。

1.4.1.3 大锤和手锤的锤头必须完整，且表面光滑，不得有歪斜、缺口和裂纹等缺陷，手柄应安装牢固。不准戴手套或单手抡锤，抡锤时周围不准有人靠近。

1.4.1.4 机械设备各转动部位（如传送带、齿轮机、联轴器、飞轮等）必须装设防护装置。机械设备必须装设紧急制动装置，一机一闸一保护；加工机械附近要设有明确的操作注意事项。机械设备周边必须设置警戒线，工作场所应设人行通道，照明必须充足。

1.4.1.5 严禁在运行中清扫、擦拭和润滑设备的旋转和移动部分，严禁将手伸入栅栏内。严禁将头、手脚伸入转动部件活动区内。严禁在转动设备上行走和传递工具。

1.4.1.6 在转动设备系统上进行检修和维护作业时，应做好防止机器突然启动的安全措施，将检修设备切换到就地控制，断开电源并挂"禁止合闸，有人工作"标识牌。

1.4.1.7 在清理转动设备金属碎屑时，必须等转动设备停止转动时才可清理。不准用手直接清理，必须使用专用工具。

1.4.2 风力发电机组专项措施

1.4.2.1 风力发电机组内无防护罩的旋转部件应粘贴"禁止踩踏"标识；机组内易发生机械卷入、轧压、碾压、剪切等机械伤害的作业地点应设置"当心机械伤人"标识。

1.4.2.2 对风力发电机组驱动轴系作业前，需要严格做好激活高速轴刹车、锁定低速轴、按下紧停按钮等相关安全措施。

1.4.2.3 进入风力发电机组轮毂或在叶轮上工作，首先必须将叶轮可靠锁定，锁定叶轮时不得高于机组规定的最高允许风速；进入变桨距机组轮毂内工作，必须将变桨机构可靠锁定。

1.4.2.4 拆除能够造成风力发电机组叶轮失去制动的部件前，应首先锁定叶轮；拆除制动装置应先切断液压、机械与电气连接；安装制动装置应最后连接液压、机械与电气装置；检修液压系统时，应先将液压系统泄压，拆卸液压站部件时，应戴防护手套和护目眼镜。

案 例　钻床打孔未固定　工件击中左上腹

● 事故经过

某公司风电场检修工人×××在操作摇臂钻进行工件打孔时违章作业，在工件未固定的情况下就进行钻孔，造成工件被钻头带动旋转，击中其右上腹，送医院抢救无效，因心衰而死亡。

● 事故原因

（1）工人×××在操作摇臂钻进行工件打孔时，工件未固定就进行钻孔。

（2）单位的安全教育和专业技术培训不到位，未在钻床上设置安全操作规程及安全注意事项，导致操作人员缺乏相应的安全意识和专业技术知识，对工件不固定的危险性缺乏应有的认识，因怕麻烦、图省事，而盲目冒险蛮干。

● 预防措施

（1）学习掌握《摇臂钻床安全操作规程》等相关的安全操作规定。

（2）加强安全教育和专业技术培训，提高安全意识。

1.5　防止起重伤害事故

1.5.1　通用措施

1.5.1.1　起重设备、吊具应经专业机构检验检测合格，起重设备要在特种设备安全监督管理部门登记备案。

1.5.1.2　从事起吊作业及其安装维修的人员应经县级以上医疗机构体检合格，合格的（含矫正视力）双目视力不低于 0.7，无色盲、听觉障碍、癫痫病、高血压、心脏病、眩晕、突发性昏厥等疾病及生理缺陷，同时必须经专业技能培训，考试合格并取得"特种作业操作证"后方可上岗。

1.5.1.3　吊装作业必须设专人指挥，指挥人员不得兼做司索（挂钩）以及其他工作，应认真观察起重作业周围环境，确保信号正确无误，严禁违章指挥或指挥信号不规范。

1.5.1.4　起重工具使用前，必须检查完好、无破损。工作起吊时严禁超负荷或歪斜拽吊。

1.5.1.5　起重吊物之前，必须清楚物件的实际质量，不准起吊不明物和埋在地下的物件。当重物无固定死点时，必须按规定选择吊点并捆绑牢固，使重物在吊运过程中保持平衡和吊点不发生移动。工件或吊物起吊时必须捆绑牢靠。

1.5.1.6　严禁吊物上站人或放有活动的物体。吊装作业现场必须设警戒区域，设专人监护。严禁吊物从人的头上越过或停留。

1.5.1.7　起吊现场照明充足，视线清晰。若指挥人员看不清工作地点或起重驾驶员看不见起重指挥人员等情况时，不得进行起重工作。

1.5.1.8　带棱角、缺口的物体无防割措施不得起吊。

1.5.1.9　在带电的电气设备或高压线下起吊物体，起重机应可靠接地，注意与输电线的安全距离，必要时制订好防范措施，并设电气监护人监护。

1.5.1.10 起吊易燃、易爆物（如氧气瓶、煤气罐）时，必须制订好安全技术措施，并经主管生产负责人批准后，方可吊装。

1.5.1.11 遇大雪、大雨、雷电、大雾、风力 5 级以上等恶劣天气，严禁户外或露天起重作业。

1.5.2 风力发电机组专项措施

1.5.2.1 风力发电机组的塔架、机舱、叶轮、叶片等部件吊装风速不得高于该机型安装技术规定。未明确相关吊装风速的，风速超过 8m/s 时，不宜进行叶片和叶轮吊装；风速超过 10m/s 时，不宜进行塔架、机舱、轮毂、发电机等设备吊装工作。

1.5.2.2 风力发电机组吊装场地应满足作业需要，并应有足够的零部件存放场地；吊装施工现场应设置警示牌，在吊装场地周围应设立警戒线，非作业人员不得入内。

1.5.2.3 吊装风力发电机组部件前应正确选择吊具，并确保起吊点无误；吊装物各部件应保持完好，固定牢固；在吊绳被拉紧时，不得用手接触起吊部位，禁止人员和无关车辆在起重作业半径内停留。

1.5.2.4 起吊风力发电机组叶轮或叶片时至少应有两根导向绳，导向绳长度和强度应足够，应有足够人员拉紧导向绳，保证起吊方向；起吊变桨距风力发电机组叶轮时，叶片桨距角必须处于顺桨位置，并可靠锁定。

案 例 新购滑车未试验 受力脱落出险情

● 事故经过

某风电场施工过程中，因使用不合格起重滑车，导致受力后突然脱落，人身伤害未遂。经检查，该滑车为新购滑车。从其表面油漆看起来的确是新的，但透过油漆看内部，却发现其吊钩上的承力螺栓是滑丝的旧螺栓，且防止螺帽松脱的穿心销仅仅铆在螺母上而未穿入吊钩本体丝杆的小孔内，属于以旧充新的伪劣产品。

● 事故原因

（1）新购滑车未经试验合格便拿到施工现场使用。

（2）使用方面存在漏洞和薄弱环节，相关的规程制度不健全，安全思想不牢，错误地认为新购机具不会有问题，未把住试验验收关，导致伪劣产品进入生产现场。

● 预防措施

（1）施工单位加强施工机具的购买、验收、试验、保管，健全规章制度。

（2）施工人员树立安全意识。

案　例　履带吊超限作业　监理人击成重伤

● 事故经过

某风电场进行主变压器吊装工作，指挥人员指挥履带吊操作（47m主臂＋33m塔臂塔式工况，主臂角度85°，作业半径14m，该工况履带吊额定起重能力52t，变压器净重46.8t）吊起主变压器向右回转至主变压器基础西南角处，运输车辆驶离吊装区域并警戒隔离作业区域。因受防火墙脚手架影响，不能将主变压器直接吊至基础上就位，指挥人员指挥操作将主变压器临时落地（放松吊索），向后调整履带吊位置、调整吊臂角度。主变压器再次吊起（离地约20cm），在调整主变压器就位方向过程中主变压器突然落地，履带吊塔臂上部分器件损坏坠落，塔臂向左后方折断坠落，吊车左后方约十余米处旁站的安全监理工程师（死者）被击成重伤，另有两人腿部被碎物轻微擦伤。

● 事故原因

（1）由于受变压器防火墙施工脚手架影响，不能按《主变压器、厂变卸车、就位工程施工方案》（以下简称"施工方案"）将主变压器直接吊至基础上就位，临时改变施工方案，向后调整履带吊位置，改变吊臂角度。

（2）由于履带吊工况改变，作业半径由 14m（施工方案）变至 19.6m（现场勘测计算值），履带吊超限作业，过载严重。

● 预防措施

（1）编制施工方案时考虑现场实际，对安全风险大的施工作业进行全过程监控，及时发现、纠正现场违章行为。

（2）技术措施考虑应全面，并进行有效风险提示。

1.6 防止中毒与窒息伤害事故

1.6.1 作业环境要求

1.6.1.1 在沟道（池、井）等受限空间［如电缆沟、污水池、化粪池、排污管道、地沟（坑）、地下室等］内长时间作业时，为防止作业人员缺氧窒息或吸入一氧化碳、硫化氢、二氧化硫、沼气等中毒，必须保持通风良好，并做好以下措施：

（1）打开沟道（池、井）的盖板或人孔门，保持良好通风，严禁关闭人孔门或盖板。

（2）进入沟道（池、井）内施工前，应用鼓风机向内进行吹风，保持空气循环，并检查沟道（池、井）内的有害气体含量不超标，氧气浓度保持在 19.5%～21.0% 范围内。

（3）地下维护室至少打开 2 个人孔，每个人孔上放置通风筒或导风板，一个正对来风方向，另一个正对去风方向，确保通风畅通。

（4）井下或池内作业人员必须系好安全带和安全绳，安全绳的一端必须握在监护人手中，当作业人员感到身体不适，必须立即撤离现场。在关闭人孔门或盖板前，必须清点人数，并喊话确认无人。

1.6.1.2 对容器内的有害气体置换时，吹扫必须彻底，不残留气体，防止人员中毒。进入容器内作业时，必须先测量容器内部氧气含量，低于规定值不得进入，同时做好逃生措施，并保持通风良好，严禁向容器内输送氧气。容器外设专人监护且与容器内人员定时喊话联系。

1.6.1.3　进入粉尘较大的场所作业，作业人员必须戴防尘口罩。进入有害气体的场所作业，作业人员必须佩戴防毒面罩。进入酸气较大的场所作业，作业人员必须戴好套头式防毒面具。

1.6.1.4　六氟化硫电气设备室必须装设机械排风装置，其排风机电源开关应设置在门外。排气口距地面高度应小于0.3m，并装有六氟化硫泄漏报警仪，且电缆沟道必须与其他沟道可靠隔离。

1.6.1.5　风力发电机组着火时，机舱内工作人员在无法准确判断危险的情况下，应首先考虑利用缓降装置从机舱外部进行撤离；使用缓降装置，要正确选择定位点，同时要防止绳索打结。

1.6.2　管理要求

1.6.2.1　工作人员应熟练掌握窒息急救法和气体中毒等急救常识，了解和掌握作业现场和工作岗位的有关危险因素、防范措施及事故紧急处理措施。

1.6.2.2　危险化学品应在具有"危险化学品经营许可证"的商店购买，不得购买无厂家标志、无生产日期、无安全说明书和安全标签的"三无"危险化学品。

1.6.2.3　危险化学品专用仓库必须装设机械通风装置、冲洗水源及排水设施，并设专人管理，建立健全档案、台账，并有出入库登记。

1.6.2.4　有毒、致癌、有挥发性等物品必须储藏在隔离房间和保险柜内，保险柜应装设双锁，并双人、双账管理，装设电子监控设备，并挂"当心中毒"警示牌。

1.6.2.5　职工食堂实行人员和食品准入制度，保证食品卫生安全。应定期进行生活水质检测，生活水箱或生活水房门应上锁。

1.6.2.6　食堂储存或使用煤气的场所应安装煤气泄漏报警器，报警器应定期检测维护。煤气使用后要及时关闭阀门。如煤气存放处有异味，应立即开窗强化空气流通，可用涂抹肥皂水等方法进行漏点检测，严禁用点火的办法来检查漏气。

> **案 例** 容器翻倒未发现 气体中毒晕倒亡

● 事故经过

某风电场一名员工与风电机组厂家两名工作人员在风电机组轮毂内使用清洗剂进行维护作业。清洗剂容器意外翻倒未及时发现，导致清洗剂瞬间大量挥发，由于清洗剂气体密度较大，排挤了下部叶片人孔平台处的氧气，使3名作业人员因缺氧和吸入大量具有麻醉性的清洗剂挥发气体先后晕倒，其中1人因严重缺氧死亡。

● 事故原因

使用工业清洗剂等挥发性化学制剂在风电机组内作业时，没有专人在通风良好区域进行安全监护，导致清洗剂容器意外翻倒未及时发现，是事故发生的重要原因。

● 预防措施

（1）现场使用挥发性化学制剂，每次允许携带的剂量不得超过1L。不得采用敞开式瓶口的容器，确保容器倾倒后不会发生泼洒和泄漏。在机舱内使用挥发性化学制剂时，必须打开机舱盖以保持空气流动；在风电机组轮毂内使用时，必须装设排风装置。

（2）使用挥发性化学制剂在风电机组内作业时，必须有专人在通风良好区域进行安全监护；在风电机组内作业时，中控室值班人员必须与机舱内人员保持通信畅通，作业过程中报告作业进展的时间间隔不得超过1h并应做好相关记录。

1.7 防止电力生产交通事故

1.7.1 驾驶员要求

1.7.1.1 加强对驾驶员的管理和教育，定期组织驾驶员进行安全技术培训，提高驾驶员的安全行车意识和驾驶技术水平，严禁违章驾驶。叉车、翻斗车、起重机，除驾驶员、副驾驶员座位以外，任何位置在行驶中不得有人坐立；起重机、翻斗车在架空高压线附近作业时，必须划定明确的作业范围，并设专人监护。

1.7.1.2 各单位用车实行准驾资格认定制度，凡未经资格认定的人员，严禁驾驶公务及生产车辆；取得中华人民共和国机动车驾驶证不足三年的，不得给予公务及生产车辆准驾资格认定。

1.7.1.3 对于地处山区（丘陵）地带、交通路况复杂的地区，公务及生产用车应设专职驾驶员。

1.7.2 交通管理要求

1.7.2.1 建立健全交通安全管理规章制度，明确责任，加强交通安全监督及考核。严格执行车辆交通管理有关法律法规。

1.7.2.2 加强对各种车辆维修管理，确保各种车辆的技术状况符合国家规定，安全装置完善可靠。定期对车辆进行检修维护，在行驶前、行驶中、行驶后对安全装置进行检查，发现危及交通安全的问题，应及时处理，严禁带病行驶。

1.7.2.3 加强对多种经营企业和外包工程的车辆交通安全管理。

1.7.2.4 加强大型活动、作业用车和通勤用车管理，制定并落实防止重、特大交通事故的安全措施。

1.7.2.5 大件运输、大件转场应严格履行有关规程的规定程序，应制订搬运方案和专门的安全技术措施，指定有经验的专人负责，事前应对参加工作的全体人员进行全面的安全技术交底。

1.7.2.6 风电场场区各主要路口及危险路段内应设置相应的交通安全标志和防护设施。

案 例 人货混装又超速 甩出车外把命丧

● 事故经过

某年1月23日，某风电场使用一个包工程单位的车辆运送风电机组元件，车厢搭载一名焊工和一个乙炔气瓶，乙炔气瓶未固定且超出车厢高度，焊工坐在乙炔气瓶上。汽车转弯时，车速快、惯性大，焊工和乙炔气瓶均被甩出车外，乙炔气瓶砸在焊工身上，抢救无效死亡。

● 事故原因

（1）违反《安规》，人货混乘。

（2）对外用人员安全教育不够，对危险性缺乏应有的认识。

● 预防措施

（1）严格执行《电力安全工作规程》。

（2）加强对外用人员的安全教育，牢固树立安全意识。

案例　停放地点土层陷　车辆倾翻塔变形

● 事故经过

某年10月29日14时30分，某运输公司运输风力发电机组塔筒到达某风电场现场时，因停放的重型货车太靠路边，且路基边缘土层松软，运送塔筒的重型车辆左侧（东侧）碾压在松软的土层下沉后，造成挂车向左侧（东侧）倾斜，并将主车与挂车连接，出现扭断，车辆向东侧倾斜侧翻后，造成运载的货物（风力发电机组塔筒）滚动到路东约10m远处，致使车辆损坏、塔筒变形。

● 事故原因

运输风力发电机组塔筒车辆停放地点土层下陷，造成车辆翻车。

● 防范措施

（1）此事故反映出运输单位驾驶人员安全意识不足，对道路边缘土层松软，车辆碾压后可能出现的下陷问题没有足够的认识。同时，建设单位工程管理人员应该对危险地点向运输单位、风力发电机组厂家介绍清楚。

（2）驾驶员必须严格遵守《中华人民共和国道路交通安全法》。

2 防止火灾事故

2.1 加强防火组织与消防设施管理

2.1.1 防火组织管理要求

2.1.1.1 各单位应建立健全防止火灾事故组织机构，健全消防工作制度，落实各级防火责任制，建立火灾隐患排查治理常态机制。配备消防专责人员并建立有效的消防组织网络和训练有素的群众性消防队伍。定期进行全员消防安全培训、开展消防演练和火灾疏散演习，定期开展消防安全检查。

2.1.1.2 检修现场应有完善的防火措施，在禁火区（包括风力发电机组）动火应制定动火作业管理制度，严格执行动火工作票制度。变压器现场检修工作期间应有专人值班，不得出现现场无人情况。

2.1.2 消防设施管理要求

2.1.2.1 配备完善的消防设施，建立健全消防设施台账，定期对各类消防设施进行检查与保养，禁止使用过期和性能不达标的消防器材。

2.1.2.2 消防水系统应同工业水系统、生活水系统分离，以确保消防水量、水压不受其他系统影响；消防设施的备用电源应由保安电源供给，未设置保安电源的应按Ⅱ类负荷供电。消防水系统应定期检查、维护。正常工作状态下，不应将自动喷水灭火系统、防烟排烟系统和联动控制的防火卷帘分隔设施设置在手动控制状态。

2.1.2.3 可能产生有毒、有害物质的场所应配备必要的正压式空气呼吸器、防毒面具等防护器材，并应进行使用培训，确保其掌握正确使用方法，以防止人员在灭火中因防护器材使用不当中毒或窒息。正压式空气呼吸器和防火服应每月检查一次。

2.1.2.4 集控中心设备机房、无人值守变电站应安装火灾自动报警或自动灭火设施，其火灾报警信号应接入有人监视遥测系统，以便及时发现火警。

2.1.2.5 值班人员（含门卫人员）应经专门培训，并能熟练操作场站内各种消防设施；应制订具有防止消防设施误动、拒动的措施。

2.2 防止电缆着火事故

2.2.1 基本建设阶段

2.2.1.1 新、扩建工程中的电缆选择与敷设应按有关规定进行设计。严格按照设计要求完成各项电缆防火措施，并与主体工程同时投产。

2.2.1.2 在密集敷设电缆的主控制室下电缆夹层和电缆沟内，不得布置热力管道、油气管以及其他可能引起着火的管道和设备。

2.2.1.3 对于新建、扩建的变电站主控室、风力发电机组及其他易燃易爆场所，应选用阻燃电缆。

2.2.1.4 采用排管、电缆沟、隧道、桥梁及桥架敷设的阻燃电缆，其成束阻燃性能应不低于 C 级。与电力电缆同通道敷设的低压电缆、控制电缆、非阻燃通信光缆等应穿入阻燃管，或采取其他防火隔离措施。

2.2.1.5 严格按正确的设计图册施工，做到布线整齐，同一通道内不同电压等级的电缆，应按照电压等级的高低从下向上排列，分层敷设在电缆支架上。电缆的弯曲半径应符合要求，避免任意交叉并留出足够的人行通道。要防止施工中动力电缆与控制电缆混放，电缆分布不均甚至堆积乱放。在动力电缆与控制电缆之间，应设置层间耐火隔板。

2.2.1.6 电缆竖井和电缆沟宜每隔 60m 分段做防火隔离，对敷设在隧道和主控室或厂房内构架上的电缆要采取分段阻燃措施，电缆分流、转弯处应设置阻燃措施。

2.2.1.7 应尽量减少电缆中间接头的数量。如需要，应按工艺要求制作安装电缆头，经质量验收合格后，再用耐火防爆槽盒将其封闭。在多个电缆头并排安装的场合中，应在电缆头之间加隔板或填充阻燃材料。变电站夹层内在役接头应逐步移出，电力电缆切改或故障抢修时，应将接头布置在站外的电缆通道内。

2.2.2 生产运营阶段

2.2.2.1 控制室、开关室、计算机室等通往电缆夹层、隧道、穿越楼板、墙壁、柜、盘等处的所有电缆孔洞和盘面之间的缝隙（含电缆穿墙套管与电缆之间缝隙）必须采用合格的不燃或阻燃材料封堵。如需在已完成电缆防火措施的电缆层上新敷设电缆，必须及时补做相应的防火措施。

2.2.2.2　非直埋电缆接头的最外层应包覆阻燃材料，充油电缆接头及敷设密集的中压电缆的接头应用耐火防爆槽盒封闭。

2.2.2.3　扩建工程敷设电缆时，应与运行单位密切配合，在电缆通道内敷设电缆需经运行部门许可。对贯穿在役变电站或风力发电机组产生的电缆孔洞和损伤的阻火墙，应及时恢复封堵，并由运行部门验收。

2.2.2.4　变电站夹层宜安装温度、烟气监视报警器，重要的电缆隧道应安装温度在线监测装置，并应定期传动、检测，确保动作可靠、信号准确。

2.2.2.5　靠近高温管道、阀门等热体的电缆应有隔热措施，靠近带油设备的电缆沟盖板应密封。

2.2.2.6　电缆通道临近易燃或腐蚀性介质的存储容器、输送管道时，应加强监视，防止其渗漏进入电缆通道，进而损害电缆或导致火灾。

2.2.2.7　在电缆通道、夹层内动火作业应办理动火工作票，并采取可靠的防火措施。在电缆通道、夹层内使用的临时电源应满足绝缘、防火、防潮要求。工作人员撤离时应立即断开电源。

2.2.2.8　建立健全电缆维护、检查及防火、报警等各项规章制度。严格按照运行规程规定对电缆夹层、通道进行定期巡检，并检测电缆和接头运行温度，按规定进行预防性试验。

2.2.2.9　电缆通道、夹层应保持清洁，不积粉尘，不积水，采取安全电压的照明应充足，禁止堆放杂物，并采取防火、防水、通风的措施。

2.3　防止变压器着火事故

2.3.1　基本建设阶段

2.3.1.1　变压器容量在 120MVA 及以上时，宜设固定水喷雾灭火装置，缺水地区的变电所及一般变电所宜用固定的二氧化碳或排油充氮灭火装置。

2.3.1.2　油浸变压器的防火距离、防火隔墙设置和储油排油设施应符合《电力设备典型消防规程》（DL 5027—2015）的要求。

2.3.1.3 变压器防爆筒的出口端应向下，并防止产生阻力，防爆膜宜采用脆性材料。

2.3.1.4 采用排油注氮保护装置的变压器应采用具有联动功能的双浮球结构的气体继电器。

2.3.1.5 排油注氮保护装置应满足：

（1）排油注氮启动（触发）功率应大于 220V × 5A（DC）。

（2）注油阀动作线圈功率应大于 220V × 6A（DC）。

（3）注氮阀与排油阀间应设有机械连锁阀门。

（4）动作逻辑关系应满足本体重瓦斯保护、主变压器断路器跳闸、油箱超压开关（火灾探测器）同时动作时才能启动排油充氮保护。

2.3.1.6 水喷淋动作功率应大于 8W，其动作逻辑关系应满足变压器超温保护与变压器断路器跳闸同时动作。

2.3.1.7 变压器本体储油柜与气体继电器间应增设断流阀，以防储油柜中的油下泄而造成火灾扩大。

2.3.2 生产运营阶段

2.3.2.1 按照有关规定完善变压器的消防设施，并加强维护管理，重点防止变压器着火时的事故扩大。

2.3.2.2 现场进行变压器干燥时，应做好防火措施，防止加热系统故障或绕组过热烧损。

2.3.2.3 应结合例行试验检修，定期对灭火装置进行维护和检查，以防止误动和拒动。

2.4 防止风力发电机组着火事故

2.4.1 技术措施

2.4.1.1 风力发电机组叶片、隔热吸声棉、机舱、塔筒应选用阻燃电缆及不燃、难燃或经阻燃处理的材料，靠近加热器等热源的电缆应有隔热措施，靠近带油设备的电缆槽盒应密封，电缆通道采取分段阻燃措施，机舱内涂刷防火涂料。

2.4.1.2　严格按设计图册施工，布线整齐，各类电缆按规定分层布置，电缆的弯曲半径应符合要求，避免交叉。

2.4.1.3　定期监控风力发电机组设备轴承、发电机、齿轮箱及机舱内环境温度变化，发现异常及时处理。

2.4.1.4　风力发电机组内的母排、并网接触器、励磁接触器、变频器、变压器等一次设备动力电缆必须选用阻燃电缆，定期对其连接点及设备本体等部位进行温度检测。每年应采用红外成像仪对可能发热引发火灾的部位做一次温度检测分析。

2.4.1.5　按规定对风力发电机组的电缆接线端子力矩进行检查，防止螺栓松动造成接触电阻增大发热。线缆槽盒、通道应保持清洁，禁止堆放杂物。

2.4.1.6　严格控制风力发电机组油系统加热温度在允许温度范围内，并有可靠的超温保护；禁止使用胶粘、打卡子等方法处理油管泄露故障，油管破损必须更换；机组在各种运行工况下油管道应可以自由膨胀。禁止在油管道下方装设加热装置。

2.4.1.7　风力发电机组机舱、塔筒内的电气设备及防雷设施的预防性试验合格，并定期对风力发电机组防雷系统和接地系统检查、测试。

2.4.1.8　风力发电机组刹车系统必须采取对火花或高温碎屑的封闭隔离措施。

2.4.1.9　风力发电机组机舱的齿轮油、液压油系统应严密、无渗漏，法兰不得使用铸铁材料，不得使用塑料垫、橡胶垫（含耐油橡胶垫）和石棉纸、钢纸垫。渗漏的油液应及时清理。

2.4.1.10　定期检查、清扫风力发电机组集电环，及时更换磨损严重的碳刷，防止出现环火引发火灾事故。

2.4.1.11　风力发电机组过流保护装置定值应符合规定，并每半年核对一次。熔断器应按技术要求进行更换，不得擅自改变容量。

2.4.2　管理措施

2.4.2.1　建立健全预防风力发电机组火灾的管理制度，在机组内醒目位置悬挂"严禁烟火"的警示牌，严格机组内动火作业管理，定期巡视检查机组防火控制措施。

2.4.2.2　风力发电机组塔筒内动火作业必须开具动火工作票，作业前消除动火区域内可燃物，且不能应用阻燃物隔离。氧气瓶、乙炔气瓶应摆放、固定在塔筒外，气瓶间距不得小于 5m，不得暴晒。电焊机电源应取自塔筒外，不得将电焊机放在塔筒内，严禁在机舱内油管道上进行焊接作业，作业场所保持良好通风和照明。动火结束后清理火种。

2.4.2.3　风力发电机组机舱、塔筒内应装设火灾报警系统（如感烟探测器）和灭火装置。每个平台处应摆设合格的消防器材。

2.4.2.4　风力发电机组内禁止存放易燃物品，机舱保温材料必须阻燃。机舱通往塔筒穿越平台、柜、盘等处电缆孔洞和盘面缝隙采用有效的封堵措施且涂刷电缆防火涂料。

2.4.2.5　进入风力发电机组机舱、塔筒内，严禁带火种、严禁吸烟。清洗、擦拭设备时，必须使用非易燃清洗剂，严禁使用汽油、酒精等易燃物。

2.4.2.6　风力发电机组机舱的末端装设提升机，配备缓降器、安全绳、安全带及逃生装置，且定期检验合格，保证人员逃逸或施救安全。

案　例　接地安装不到位　机组起火因雷击

● 事故经过

某年 5 月 6 日，某公司风电场强降大雨，突然一声巨雷，53 号风力发电机组运行中遭雷击，使塔筒内 690V 断路器箱烧毁，电缆烧焦。察看现场 35kV 侧避雷器完好，放电计数器动作；690V 侧避雷器完好；变压器也完好，变压器箱体上、下壳有放电痕迹。变压器低压侧中性线与风力发电机组接地扁铁连接处脱落并有放电痕迹。

雷电流由中性线经塔筒内流至接地体时，瞬间产生很高的电位，使悬空或接地不良的导体对中性线放电，进而导致 690V 电源短路；风力发电机组与变压器又对短路点供电，TBC110 电源柜内主断路器下端铜排与柜壳距离比其他部位小，致使绝缘击穿放电起火。

● 事故原因

各设备接地连接部分存在不牢固或接触不好，风力发电机组厂家调试人员在交接过程中没有进行有效的检查就调试运行，是本次事故发生的直接原因。

● 防范措施

（1）本着"四不放过"的原则，依据事故调查规程深入开展事故调查，真正地使事故责任者及全公司人员都能从此次事故中吸取教训，举一反三，杜绝安全事故的发生。

（2）工程施工过程中监理应该加强监管，严把接地连接问题。

（3）TBC110电源柜存在设计问题，应该增强TBC110电源柜内电极之间的绝缘等级、增加接地装置和加装阀型避雷器。

（4）塔筒内电缆应按设计要求采用阻燃电缆。

（5）全面重新检查处理和紧固风力发电机组基础环内接地系统接线。

（6）对整个风力发电机组、台式变压器、线路等接地网进行一次全面的检测。

（7）风力发电机组厂家重新设计TBC110电源柜的绝缘、接地和加装防雷等并实施。

（8）加强对总包单位（施工单位）的管理，严格执行施工过程中的复测手续，发现问题及时解决。

（9）明确监理单位的监督责任，加强对监理单位的管理；监理公司必须履行监理职能，对施工单位进行严格监督检查。

2.5 防止风电引发森林、草原着火事故

2.5.1 技术措施

2.5.1.1 风电场风力发电机组、风电机组变压器、电缆转接箱等输变电设备应采取可靠的防火设计，在故障情况下不能引起森林、草原火灾。

2.5.1.2 风电场生产生活设备设施周围应设置防火隔离带，并定期清除杂草等可燃物。

2.5.1.3　草原、森林防火期内，进入林区、草原的机动车辆，必须配备灭火器和防火罩，采取有效措施，严防漏油、喷火和机动闸瓦脱落引起火灾；严禁在林区、草原路段清理油渣；在草原、森林行使的各类车辆，司机和乘务人员应当对随乘人员进行防火安全教育，严防随乘人员随意丢弃火种、烟头等引起火灾。

2.5.2　管理措施

2.5.2.1　组织人员认真学习《中华人民共和国森林法》《中华人民共和国草原法》，建立健全森林、草原防火制度。现场工作人员应熟悉森林和草原防火的有关要求，并熟练掌握森林火灾、草原火灾的扑救方法和自救方法。

2.5.2.2　风电场应与地方政府森林或草原防火部门签订防火协议，建立义务消防队并接受地方政府领导，配置草原、森林消防专用器材；定期对消防器材进行检查和试验；作业人员应熟练掌握使用方法。每年防火期来临前应组织进行火灾应急救援演练。

2.5.2.3　进入地方政府或主管部门规定的林区、草原防火期，风电场人员严禁携带火种，严格禁止野外用火；因特殊情况需要用火的，必须经过县级人民政府或者县级人民政府授权的机关批准。防火期外动火作业，应严格执行动火工作票。

2.5.2.4　由外委队伍承担风电场有关森林、草原野外施工作业时，风电企业应与外委队伍签订防火协议书，明确防火职责、防火要求和重点注意事项。

2.5.2.5　进入风电场从事勘察设计、施工作业或检修维护等作业人员，发现违法用火或森林、草原火灾时，应立即拨打火警电话，并采取有效措施及时进行灭火。

2.5.2.6　风电场应在进入山林或草原的路口和施工作业地点设置醒目的防火宣传牌和警告标志，任何人不得擅自移动或撤除。

2.5.2.7　风电场应将草原、森林防火的有关措施列入巡回检查和定期安全检查内容，对于检查发现存在的隐患及时整改。

2.5.2.8　在林区、草原等环境中作业时，每个作业点至少配备两个以上的干粉灭火器或风力灭火机。进行动火作业时，应划定工作范围，清除工作范围内的易燃物品，设置防火隔离带；动火过程中，必须设专人监护，并在动火现场周围配置足量的灭火器或风力灭火机，风电场安全监督人员要全过程监督；动火结束后，彻底熄灭余火，待确认无误后方可离开。

2.5.2.9　林区、草原的风电场生活垃圾、固体废弃物等应集中处理，严禁乱堆乱放，严禁焚烧。

3 防止电气误操作事故

3.1 防电气误操作管理措施

3.1.1 制定并严格执行"操作票、工作票"管理标准，并使"两票"管理制度标准化，规范化。

3.1.2 严重危及人员和设备安全的事故处理，除紧急断开开关（断路器）操作外，其他操作均应执行操作票，不允许无票操作，不允许无监护操作。

3.1.3 检修工作和运行操作应使用标准工作票、操作票，实施运行操作标准化。电气操作前应按《电气倒闸前标准检查项目表》的提示做好相应的准备工作；电气操作后应按照《电气倒闸操作后应完成的工作项目表》的提示做好相应的后续工作。

3.1.4 严格执行调度指令。当操作中发生疑问时，应立即停止操作，向值班调度员或值班负责人报告，并禁止单人滞留在操作现场，待值班调度员或值班负责人再行许可后，方可进行操作。不准擅自更改操作票，不准随意解除闭锁装置。

3.1.5 应制定和完善防误装置的运行规程及检修规程，加强防误闭锁装置的运行、维护管理，确保防误闭锁装置正常运行。

3.1.6 变电站软件防误系统的防误操作规则编制、修改应报安全生产管理职责部门审核，并经公司主管生产的副总经理（总工程师）批准后执行。

3.1.7 建立完善的解锁工具（钥匙）使用和管理制度。防误闭锁装置不能随意退出运行，停用防误闭锁装置、短时间退出防误闭锁装置或使用解锁工具（钥匙）应经本单位分管生产的副总经理（总工程师）批准。解锁操作应实行双重监护后实施，并按程序尽快投入运行。

3.1.8 运行人员进行保护装置压板投退、定值区修改、把手切换等二次设备操作，应严格执行现场运行规程、调度命令、定值单等要求，并做好相应记录。

3.1.9 应配备充足的经国家认证认可的质检机构检测合格的安全工作器具和安全防护用具。为防止误登室外带电设备，宜采用全封闭（包括网状等）的检修临时围栏。

3.1.10 强化岗位培训，使运维检修人员、调控或监控人员等熟练掌握防误装置及操作技能。

3.2 防电气误操作技术措施

3.2.1 采用计算机监控系统时，远方、就地操作均应具备防止误操作闭锁功能。

3.2.2 风力发电机组在进行停机操作时，应采取防止远程误操作的措施。

3.2.3 断路器或隔离开关电气闭锁回路不应设重动继电器类元器件，应直接用断路器或隔离开关的辅助触点；操作断路器或隔离开关时，应确保待操作断路器或隔离开关位置正确，并以现场实际状态为准。

3.2.4 对已投产尚未装设防误闭锁装置的发、变电设备，特别是高压开关柜、风电机组环网柜，要制订切实可行的防范措施和整改计划，必须尽快装设防误闭锁装置。

3.2.5 新、扩建的发、变电工程或主设备经技术改造后，防误闭锁装置应与主设备同时投运。

3.2.6 同一集控中心范围内应选用同一类型的微机防误系统，以保证集控主站和受控子站之间的"五防"信息能够互联互通、"五防"功能相互配合。

3.2.7 微机防误闭锁装置电源应与继电保护及控制回路电源独立。微机防误装置主机应由不间断电源供电。

3.2.8 电场成套高压开关柜、成套六氟化硫（SF_6）组合电器（GIS/PASS/HGIS）五防功能应齐全、性能良好，并与线路侧接地开关实行连锁。

案 例 无票作业酿事故 带电合接地开关

● 事故经过

2009年4月25日3时29分，某公司风电场集电线路IC段127杆塔、ID段51杆塔B相避雷器击穿，造成电压互感器分频谐振。流过电压互感器绕组30～50倍的电流产生大量的热量，使电压互感器绝缘油受热迅速膨胀，膨胀帽飞出。监控系统报"主变压器低压侧 TV 断线"告警，经请示调度选线处理后发现 TV 膨胀帽蹦出；10 时 30 分，请示调度合上线路接地隔离开关，将线路转检修处理缺陷；值班员张某、李某到现场操作线路ⅠA、ⅠB、ⅠD 段接地隔离开关，10 时 47 分误入带电间隔，带电操作主变压器低压侧接地隔离开关，导致主变压器差动保护动作，主变压器高压侧断路器跳闸，最终酿成了一起严重的误操作事故。

● 事故原因

（1）无票作业是此次事故的根源。风电场变电站运行值班人员在检修人员没有办理工作票的情况下，请示完调度后就开始做合接地隔离开关等措施，属无票作业，无票作业的违章行为是酿成此次事故的根源。

（2）危险点控制不严、监护不到位是造成此次事故的关键。在无票操作过程中，值班负责人本应该特别注意"五防"是本次操作过程中的危险点，在操作中应提示操作人、监护人认真核对设备的名称、编号和位置，检查该回路已断开的断路器、已拉开的隔离开关的实际状况，用验电器验电后再执行合接地隔离开关的操作（停电—验电—合接地隔离开关）。

● 预防措施

（1）从控制人的不安全行为入手，强化"两票"管理，坚决杜绝无票作业情况发生。

（2）从控制设备的不安全状态入手，各单位要认真检查"五防"系统硬件、软件方面存在的缺陷和隐患，确保即使在人员出现失误和差错的情况下，能够发挥设备自身的保护功能。

4 防止系统稳定破坏事故

4.1 电源

4.1.1 电场宜根据所处位置、装机容量以及所起的作用，接入相应电压等级，并综合考虑地区受电需求、地区电压及动态无功支撑需求、相关政策等影响。

4.1.2 电场接入系统方案应与电网总体规划相协调，并满足相关规程、规定的要求。

4.1.3 并网电场投入运行时，相关继电保护、安全自动装置等稳定措施、自动发电控制（AGC）、自动电压控制（AVC）等自动调整措施和电力专用通信配套设施等应同时投入运行。

4.1.4 加强电场设计、设备选型、设备监造、出厂验收、工程施工、设备调试和投运全过程的质量管理，严格做好电场并网验收工作，避免不符合电网要求的设备进入电网运行。

4.1.5 加强开关设备的运行维护和检修管理，确保能够快速、可靠地切除故障。

4.1.6 在电力系统事故或紧急情况下，风电场应根据电力系统调度部门的指令快速控制其输出的有功功率，必要时可通过安全自动装置快速自动降低风电场有功功率或切除风电场。

4.1.7 风电场应配置电能质量监测设备，以实时监测风电场电能质量指标是否满足要求；若不满足要求，风电场需安装电能质量治理设备，以确保风电场电能质量合格。

4.2 二次系统

4.2.1 收集与提供电网公司进行系统稳定计算的各种元件、控制装置及负荷参数。并网风力发电机组的保护定值必须满足电力系统安全稳定运行的要求。

4.2.2 110kV 及以上电压等级母线、220kV 及以上电压等级主设备应具备快速保护。

4.2.3 一次设备投入运行时，相关继电保护、安全自动装置、稳定措施、自动化系统、故障信息系统和电力专用通信配套设施等应同时投入运行。

4.2.4 加强安全稳定控制装置入网管理，满足所处电网企业的管理需要。对新入网或软、硬件更改后的安全稳定控制装置，应进行出厂测试或验收试验等工作。

4.2.5 严把工程投产验收关，二次系统专业人员应全程参与基建和技改工程验收工作。

4.2.6 加强继电保护运行维护，正常运行时，严禁 220kV 及以上电压等级线路、变压器等设备无快速保护运行。

4.2.7 母差保护临时退出时，应尽量减少无母差保护运行时间，并严格限制母线及相关元件的倒闸操作。

4.3 无功电压

4.3.1 风电场应结合电网实际运行特点，通过技术经济比较配置一定容量的动态无功补偿装置。

4.3.2 提高无功电压自动控制水平，应用自动电压控制系统。

4.3.3 变电站一次设备投入运行时，配套的无功补偿及自动投切装置等应同时投入运行。

4.3.4 风电场电压监测系统和 EMS 系统应保证有关测量数据的准确性。

4.3.5 当公共电网电压处于正常范围内时，风电场应当能够控制风电场并网点电压在额定电压的 97% ~ 107% 范围内。主变压器应采用有载调压变压器，通过调整变电站主变压器分接头控制场内电压，确保场内风电机组正常运行。

案 例 ┆电缆头三相短路 引发大规模脱网┆

● 事故经过

某风电场 35kV 某线路开关柜下侧电缆头三相短路，断路器过流Ⅰ段保护动作，60ms 后断路器跳闸，切除该线路所带的全部 12 台风机，损失出力 18MW；同时升压站 1 号主变压器 35kV 侧电压跌落 33%（23.45kV），其余在运风机报"网侧变频器过流故障"停机，损失出力78MW。同时导致系统电压大幅跌落，风电场对侧330kV变电站母线电压最低跌至272kV，事故前各风电场出力较大，运行中的SVC装置均发出大量无功，支撑风电有功功率的输送。

事故期间，大量风机因不具备低电压穿越能力而脱网；故障切除后，系统电压回升，而各风电场升压站的SVC装置电容器支路因无自动切除功能而继续挂网运行，造成大量无功功率过剩涌入330kV电网，引起系统电压升高。风电场对侧330kV变电站母线电压在故障切除瞬间达到365kV，最高达到380kV，网内风电机组因电压过高保护动作，发生大规模脱网事故，共造成598台风电机组脱网，损失出力达840.43MW，主网频率最低至49.854Hz。

● 事故原因

（1）直接原因都是由于风电场35kV某线路三相短路故障，引起系统电压跌落，大量风电机组因不具备低电压穿越能力，风电场无功补偿装置电容器组不具备自动投切功能而造成的。

（2）间接原因是由于多个风电场无功补偿装置运行中存在较多问题，不能按要求投退，造成无功补偿装置发出大量无功，导致电网电压过高。

● 预防措施

（1）风电场运行管理单位加强设备设施的运行维护，认真开展电气设备及其连接部件隐患排查治理，特别要对电缆头、接地等可能存在施工缺陷的部位进行重点检查。

（2）并网运行风电场应满足接入电力系统的技术规定，风电机组必须具备低电压穿越能力。

（3）并网运行风电场，无功容量配置和有关参数整定应满足系统电压调节需要，对于配置的无功补偿装置要切实做到运行可靠。

5 防止机网协调及风电大面积脱网事故

5.1 防止机网协调事故

5.1.1 各发电企业应重视和完善与电网运行关系密切的保护装置选型、配置，在保证主设备安全的情况下，还必须满足电网安全运行的要求。

5.1.2 风电场应按当地电网公司要求向相应调度部门提供电网计算分析所需的主设备（风力发电机组、变压器等）参数、二次设备（电流互感器、电压互感器）参数及保护装置技术资料等。

5.1.3 风电场应根据《大型发电机变压器继电保护整定计算导则》（DL/T684—2012）的规定，电网运行情况和主设备技术条件，认真校核涉网保护与电网保护的整定配合关系，并根据调度部门的要求，做好每年度对所辖设备的整定值进行全面复算和校核工作。当电网结构、线路参数和短路电流水平发生变化时，应及时校核相关涉网保护的配置与整定，避免保护发生不正确动作行为。

5.1.4 风电场应根据所在电网要求，实现电网自动发电控制方式运行。风力发电机组自动发电控制的性能指标应满足接入电网的相关规定和要求。

5.2 防止风力发电机组大面积脱网事故

5.2.1 基本建设阶段

5.2.1.1 新建风力发电机组必须满足《风电场接入电力系统技术规定》（GB/T 19963）等相关技术标准要求，并通过国家有关部门授权的有资质检测机构的并网检测，不符合要求的不予并网。

5.2.1.2 风电场应配置足够的动态无功补偿容量，应在各种运行工况下都能按照分层分区、基本平衡的原则在线动态调整，且动态调节的响应时间不大于30ms。

5.2.1.3 风力发电机组应具有规程规定的低电压穿越能力和必要的高电压耐受能力。风电场并网点电压跌至20%额定电压时，风电场内的风电机组能够保证不脱网连续运行 625ms；风电场并网点电压在发生跌落后 2s 内能够恢复到额定电压的 90% 时，风电场内的风电机组能够保证不脱网连续运行。

5.2.1.4 电力系统频率在 49.5 ~ 50.2Hz 范围（含边界值）内时，风力发电机组应能正常运行。电力系统频率在 48 ~ 49.5Hz 范围（含 48Hz）内时，每次风力发电机组应能不脱网运行 30min；电力频率高于 50.2Hz 时，每次风力发电机组应具备至少运行 5min 的能力。

5.2.1.5 风电场应配置风电场监控系统，实现在线动态调节全场运行机组的有功 / 无功功率和场内无功补偿装置的投入容量，并具备接受电网调度部门远程监控的功能。风电场监控系统应按相关技术标准要求，采集、记录、保存变电站设备和全部风力发电机组的相关运行信息，并向电网调度部门上传保障电网安全稳定运行所需的运行信息。

5.2.1.6 风电场应向相应调度部门提供电网计算分析所需的主设备（风力发电机组、变压器等）参数、二次设备（电流互感器、电压互感器）参数及保护装置技术资料及无功补偿装置技术资料等。风电场应经静态及动态试验验证定值整定正确，并向调度部门提供整定调试报告。

5.2.1.7 风电场应根据有关调度部门电网稳定计算分析要求，开展建模及参数实测工作，并将试验报告报有关调度部门。

5.2.1.8 风电场无功动态调整的响应速度应与风力发电机组高电压耐受能力相匹配，确保在调节过程中风力发电机组不因高电压而脱网。

5.2.1.9 风电场汇集线系统单相故障应快速切除。汇集线系统应采用经电阻或消弧线圈接地方式，不应采用不接地或经消弧柜接地方式。经电阻接地的汇集线系统发生单相接地故障时，应能通过相应保护快速切除，同时应兼顾风力发电机组运行电压适应性要求。经消弧线圈接地的汇集线系统发生单相接地故障时，应能可靠选线，快速切除。汇集线保护快速段定值应对线路末端故障有灵敏度，汇集线系统中的母线应配置母差保护。

5.2.1.10 风电场应在变电站内配置故障录波装置，启动判据应至少包括电压越限和电压突变量，记录变电站内设备在故障前 200ms 至故障后 6s 的电气量数据，波形记录应满足相关技术标准。

5.2.1.11 风电场应配备全站统一的卫星时钟设备和网络授时设备，对场内各种系统和设备的时钟进行统一校正。

5.2.2 生产运营阶段

5.2.2.1　风电场并网点电压波动和闪变、谐波、三相电压不平衡等电能质量指标满足国家标准要求时，风电机组应能正常运行。

5.2.2.2　风力发电机组主控系统参数和变流器参数设置应与电压、频率等保护协调一致。

5.2.2.3　风电场内涉网保护定值应与电网保护定值相配合，并报电网调度部门备案。

5.2.2.4　电力系统发生故障、并网点电压出现跌落时，风电场应动态调整机组无功功率和场内无功补偿容量，应确保场内无功补偿装置的动态部分自动调节，确保电容器、电抗器支路在紧急情况下能被快速正确投切，配合系统将并网点电压和机端电压快速恢复到正常范围内。

5.2.2.5　风力发电机组故障脱网后不得自动并网，故障脱网的风力发电机组须经电网调度部门许可后并网。

5.2.2.6　风电场发生故障后，应及时按调度规定向调度部门报告故障及相关保护动作情况，及时收集、整理、保存相关资料，积极配合调查。

5.2.2.7　风电场二次系统及设备，均应满足《电力二次系统安全防护规定》（国家电力监管委员会令第5号）要求，禁止通过外部公共信息网直接对场内设备进行远程控制和维护。

> **案 例**　电缆头击穿短路　发电机脱网停机
>
> ● 事故经过
>
> 　　某年3月15日6时14分，某风电场35kV Ⅱ回线距离该线路断路器2km左右的电缆分接箱内的电缆头击穿短路，导致该线路332断路器跳闸，35kV Ⅱ回线所带16台风力发电机组停机，同时风电场35kV Ⅰ、Ⅲ回线上的风力发电机组停机脱网（因系统限电，部分风力发电机组在事故发生前已处于停机状态）。
>
> 　　6时18分，在当值值班长赶往现场查看故障情况期间，值班员对1号、5号、6号、7号、9号、25号共6台风力发电机组进行手动并网，值

班长返回主控室后向地调汇报风电场 35kV Ⅱ 回线事故跳闸情况。

11 时 18 分，地调下令将风电场手动并网的 6 台风力发电机组停机。同时，要求在未经地调允许，禁止风电场启机并网。

● 事故原因

（1）电缆头击穿短路是此次事故的直接原因。故障电缆头存在以下问题：电缆头屏蔽套与挡板安全距离不够；电缆头在制作过程中半导体层受到损伤；电缆头制作完成后未按规定进行交流耐压试验；电缆头投运后未定期进行巡检、测温，特别是近期连续大负荷运行中，长期未进行巡视检查。

（2）未按照要求完成对场内集电线路单相接地快切、无功补偿装置及低电压穿越功能的安装、完善和改造。

● 预防措施

（1）加强设备检修、维护的过程监督、严把验收关、试验关，确保检修质量；严格技术监督、设备定检的刚性管理，确保设备的健康水平。

（2）加强安全培训和生产技能培训，提高人员素质。

（3）强化调度规程及电网相关要求的培训学习，提高生产人员对调度管理的认知水平，杜绝因人员行为造成的电网事故。

（4）认真开展涉网专项检查，制定涉网改进计划及方案，对已完成改造项目的效果进行评估。

（5）对以往发生的不安全事件重新进行分析，有重点地开展隐患排查治理。

（6）加强设备定期巡回检查、设备定期试验和轮换管理。对巡回检查中的盲点、关键点进行梳理，完善检查项目，提高隐患的发现率和整改率。

6 防止大型变压器损坏和互感器事故

6.1 防止变压器出口短路事故

6.1.1 基本建设阶段

6.1.1.1 加强变压器选型、订货、验收及投运的全过程管理。应选择具有良好运行业绩和成熟制造经验生产厂家的产品。240MVA 及以下容量变压器应选用通过突发短路试验验证的产品；240MVA 以上容量变压器，制造厂应提供同类产品突发短路试验报告或抗短路能力计算报告，计算报告应有相关理论和模型试验的技术支持。220kV 及以上电压等级的变压器都应进行抗震计算。

6.1.1.2 在变压器设计阶段，运行单位应取得所订购变压器的抗短路能力计算报告及抗短路能力计算所需详细参数，并自行进行校核工作。

6.1.1.3 66kV 及以上电压等级和 50MVA 及以上容量变压器须进行驻厂监造。监造验收工作结束后，监造人员应提交监造报告，并作为设备原始资料存档。

6.1.1.4 变压器在制造阶段的质量抽检工作，应进行电磁线和铁芯的原材料抽检；根据供应商生产批量情况，应抽样进行突发短路试验验证。

6.1.1.5 为防止出口及近区短路，变压器 35kV 及以下低压母线应考虑绝缘化；35kV 及以下电压等级的线路、变电站出口 2km 内宜考虑采用绝缘导线。

6.1.2 生产运营阶段

6.1.2.1 变压器在遭受近区突发短路后，应做低电压短路阻抗测试或绕组变形试验，并与原始记录比较，判断变压器无故障后，方可投运。

6.1.2.2 应开展变压器抗短路能力的校核工作，根据设备的实际情况有选择性地采取加装中性点小电抗、限流电抗器等措施，对不满足要求的变压器进行改造或更换。

6.1.2.3 全电缆线路不应采用重合闸，对于含电缆的混合线路应采取相应措施，防止变压器连续遭受短路冲击。

6.2 防止变压器绝缘事故

6.2.1 基本建设阶段

6.2.1.1 工厂试验时应将供货的套管安装在变压器上进行试验；所有附件在出厂时均应按实际使用方式经过整体预装。

6.2.1.2 出厂局部放电试验测量电压为 $1.5U_\mathrm{m}/\sqrt{3}$ 时，220kV 及以上电压等级变压器高、中压端的局部放电量不大于 100pC。110kV（66kV）电压等级变压器高压侧的局部放电量不大于 100pC。330kV 及以上电压等级强迫油循环变压器应在油泵全部开启时（除备用油泵）进行局部放电试验。

6.2.1.3 生产厂家首次设计、新型号或有运行特殊要求的 220kV 及以上电压等级变压器在首批次生产系列中应进行例行试验、型式试验和特殊试验（承受短路能力的试验视实际情况而定）。

6.2.1.4 新安装和大修后的变压器应严格按照有关标准或厂家规定进行抽真空、真空注油和热油循环，真空度、抽真空时间、注油速度及热油循环时间、温度均应达到要求。对采用有载分接开关的变压器油箱应同时按要求抽真空，但应注意抽真空前应用连通管接通本体与开关油室。为防止真空度计水银倒灌进设备中，禁止使用麦氏真空计。

6.2.1.5 变压器器身暴露在空气中的时间：相对湿度不大于 65% 为 16h。空气相对湿度不大于 75% 为 12h。对于分体运输、现场组装的变压器有条件时宜进行真空煤油气相干燥。

6.2.1.6 装有密封胶囊、隔膜或波纹管式储油柜的变压器，必须严格按照制造厂说明书规定的工艺要求进行注油，防止空气进入或漏油，并结合大修或停电对胶囊和隔膜、波纹管式储油柜的完好性进行检查。

6.2.1.7 充气运输的变压器运到现场后，必须密切监视气体压力，压力过低时（低于 0.01MPa）要补干燥气体，现场放置时间超过 3 个月的变压器应注油保存，并装上储油柜，严防进水受潮。注油前，必须测定密封气体的压力，核查密封状况，必要时应进行检漏试验。为防止变压器在安装和运行中进水受潮，套管顶部将军帽、储油柜顶部、套管升高座及其连管等处必须密封良好。必要时应测露点。如已发现绝缘受潮，应及时采取相应措施。

6.2.1.8　变压器新油应由厂家提供新油无腐蚀性硫、结构簇、糠醛及油中颗粒度报告，油运抵现场后，应取样，在化学和电气绝缘试验合格后，方能注入变压器内。

6.2.1.9　66kV 及以上变压器在运输过程中，应按照相应规范安装具有时标且有合适量程的三维冲击记录仪。变压器就位后，制造厂、运输部门、监理单位、用户四方人员应共同验收，记录纸和押运记录应提供用户留存。

6.2.1.10　66kV 及以上电压等级变压器、50MVA 及以上变压器在出厂和投产前，应用频响法和低电压短路阻抗测试绕组变形并留原始记录；66kV 及以上电压等级和 120MVA 及以上容量的变压器在新安装时应进行现场局部放电试验；对 66kV 电压等级变压器在新安装时应抽样进行额定电压下空载损耗试验和负载损耗试验。现场局部放电试验验收，应在所有额定运行油泵（如有）启动以及工厂试验电压和时间下，220kV 及以上变压器放电量不大于 100pC。

6.2.1.11　大型强迫油循环风冷变压器在设备选型阶段，除考虑满足容量要求外，应增加对冷却器组冷却风扇通流能力的要求，以防止大型变压器在高温大负荷运行条件下，冷却器全投造成变压器内部油流过快，使变压器油与内部绝缘部件摩擦产生静电，油中带电发生变压器绝缘事故。

6.2.2　生产运营阶段

6.2.2.1　加强变压器运行巡视，应特别注意变压器冷却器潜油泵负压区出现的渗漏油，如果出现渗漏应切换停运冷却器组，进行堵漏消除渗漏点。

6.2.2.2　对运行 10 年以上的变压器必须进行一次油中糠醛含量测试，加强油质管理，对运行中油应严格执行有关标准，不同油种的混油应符合要求。

6.2.2.3　对运行年限超过 15 年的储油柜胶囊和隔膜应更换。

6.2.2.4　220kV 及以上电压等级变压器拆装套管需内部接线或进入后，应进行现场局部放电试验。

6.2.2.5　积极开展红外检测，新建、改扩建或大修后的变压器，应在投运带负荷后不超过 1 个月内（但至少在 24h 以后）进行一次精确检测。220kV 及以上电压等级的变压器，每年在夏季前后应至少各进行一次精确检测。在高温大负荷运行期间，对 220kV 及以上电压等级变压器应增加红外检测次数。精确检测的测量数据和图像应制作报告存档保存。

6.2.2.6　铁芯、夹件通过小套管引出接地的变压器，应将接地引线引至适当位置，以便在运行中监测接地线中有无环流，当运行中环流异常变化，应尽快查明原因，严重时应采取措施及时处理，电流一般控制在 100mA 以下。

6.2.2.7　应严格按照试验周期进行油色谱检验，必要时应装设在线油色谱监测装置。

案　例　变压器绝缘薄弱　中压侧匝间短路

● **事故经过**

　　某年 12 月 25 日 12 时 14 分，某风电场监控系统事故声响报警，110kV 线路断路器、主变压器高压侧断路器、低压侧断路器、送出线路断路器全部跳闸，功率表、电流表、电压表指示回零。检查电子间主变压器 A、B 保护屏差动保护动作、主变压器保护 B 屏非电量保护装置报本体重瓦斯保护动作、110kV 差动保护动作、线路故障录波器和主变压器故障录波器启动录波。

　　根据故障录波和保护动作情况判断为送出线路 A、B 相间短路故障，通知检修部门和线路维护单位进行巡线检查。将主变压器转入冷备用状态，测主变压器绝缘：高压侧对地为 60MΩ、中压侧对地为 20MΩ、低压侧对地为 350MΩ。检修人员对有关保护进行检查核对，保护动作正确，进行主变压器电气和油质试验，判断为变压器内部匝间短路故障，联系主变压器生产厂家进行返厂，解体发现中压侧 A 相匝间短路。

● **事故原因**

　　（1）110kV 送出线路 A、B 相间短路是该风电场主变压器损坏的直接原因。12 月 15 日至 12 月 25 日，上游水电站放水频繁、放水量大，造成 110kV 送出线路沿河段导线严重覆冰，故障时风力较大，瞬时风速达 28m/s，线路覆冰脱落，导线舞动，造成相间短路。

（2）该风电场主变压器存在质量问题，是本次主变压器损坏的主要原因。110kV送出线路故障短路电流为8.175kA，低于设计要求承受外部短路电流32kA的有效值，短路时间低于设计要求的3s时限，返厂解体检查绕组无变形，中压侧A相匝间短路，绕组绝缘存在薄弱点。

● 预防措施

（1）对110kV送出线路沿江段覆冰进行处理，在小风月进行技术改造，安装防舞器，防止因覆冰而造成导线剧烈摆动；在改造前加强对沿江段的检查，制定并落实防范措施。

（2）与地方政府相关部门建立通报机制，保证莲花水电站放水时提前通知到风电场，线路维护单位和检修部门对110kV送出线路沿江段增加巡检次数。

（3）加强设备管理，对公司所有主变压器进行一次短路电流核查；加强新建项目设备监造和现场验收管理，提高监造和验收质量。

（4）全公司各级人员对此次事故进行深入的分析和讨论，吸取教训，举一反三，提升全员的安全生产意识，提高安全生产能力，确保安全生产可控、在控。

（5）进一步认真落实《防止电力生产重大事故的二十五项重点要求实施导则》，把各项"反措"内容严格细化，切实落实到运行、检修的日常工作中，通过有效的组织措施和技术措施，防止各类恶性事故的发生。

6.3 防止变压器保护事故

6.3.1 基本建设阶段

6.3.1.1 新安装的气体继电器必须经校验合格后方可使用；气体继电器应在真空注油完毕后再安装；瓦斯保护投运前必须对信号跳闸回路进行保护试验。

6.3.1.2 变压器本体保护应加强防雨、防震措施，户外布置的压力释放阀、气体继电器和油流速动继电器应加装防雨罩。

6.3.1.3 变压器本体保护宜采用就地跳闸方式，即将变压器本体保护通过较大启动功率中间继电器的两对触点分别直接接入断路器的两个跳闸回路，减少电缆迂回带来的直流接地、对微机保护引入干扰和二次回路断线等不可靠因素。

6.3.1.4 压力释放阀在交接和变压器大修时应进行校验。

6.3.2 生产运营阶段

6.3.2.1 变压器本体、有载分接开关的重瓦斯保护应投跳闸。若需退出重瓦斯保护，应预先制订安全措施，并经生产副总经理（总工程师）批准，限期恢复。退出、投入重瓦斯保护应做好记录。

6.3.2.2 气体继电器应定期校验。当气体继电器发出轻瓦斯动作信号时，应立即检查气体继电器，及时取气样检验，以判明气体成分，同时取油样进行色谱分析，查明原因及时排除。

6.3.2.3 运行中的变压器的冷却器油回路或通向储油柜各阀门由关闭位置旋转至开启位置时，以及当油位计的油面异常升高或呼吸系统有异常现象，需要打开放油或放气阀门时，均应先将变压器重瓦斯保护退出改投信号。

6.3.2.4 变压器运行中，若需将气体继电器集气室的气体排出时，为防止误碰探针，造成瓦斯保护跳闸可将变压器重瓦斯保护切换为信号方式；排气结束后，应将重瓦斯保护恢复为跳闸方式。

6.4 防止分接开关事故

6.4.1 基本建设阶段

6.4.1.1 安装和检修分接开关时，应检查无励磁分接开关的弹簧状况、触头表面镀层及接触情况，分接引线是否断裂及紧固件是否松动，机械指示到位后触头所处位置是否到位。

6.4.1.2 新购有载分接开关的选择开关应有机械限位功能，束缚电阻应采用常接方式。

6.4.1.3 有载分接开关在安装时应按出厂说明书进行调试检查。要特别注意分接引线距离和固定状况、动静触头间的接触情况和操作机构指示位置的正确性。新安装的有载分接开关，应对切换程序与时间进行测试。

6.4.2 生产运营阶段

6.4.2.1 无励磁分接开关在改变分接位置后，必须测量使用分接的直流电阻和变比；有载分接开关检修后，应测量全程的直流电阻和变比，合格后方可投运。

6.4.2.2 加强有载分接开关的运行维护管理。当开关动作次数或运行时间达到制造厂规定值时，应进行检修，并对开关的切换程序与时间进行测试。

6.5 防止变压器套管事故

6.5.1 基本建设阶段

6.5.1.1 新套管供应商应提供型式试验报告，电场必须存有套管将军帽结构图。

6.5.1.2 如套管的伞裙间距低于规定标准，应采取加硅橡胶伞裙套等措施，防止污秽闪络。在严重污秽地区运行的变压器，可考虑在瓷套涂防污闪涂料等措施。

6.5.1.3 变压器上的大电流套管与引线的连接必须有锁母和蝶形弹簧垫，防止松动。

6.5.2 生产运营阶段

6.5.2.1 检修时当套管水平存放，安装就位后，带电前必须进行静放，其中330kV 及以上套管静放时间应大于 36h，110～220kV 套管静放时间应大于 24h。事故抢修所装上的套管，投运后的 3 个月内，应取油样进行一次色谱试验。

6.5.2.2 作为备品的 66kV 及以上套管，应竖直放置。如水平存放，其抬高角度应符合制造厂要求，以防止电容芯子露出油面受潮。对水平放置保存期超过一年的 66kV 及以上套管，当不能确保电容芯子全部浸没在油面以下时，安装前应进行局部放电试验、额定电压下的介损试验和油色谱分析。

6.5.2.3 油纸电容套管在最低环境温度下不应出现负压，应避免频繁取油样分析而造成其负压。运行人员正常巡视应检查记录套管油位情况，注意保持套管油位正常。套管渗漏油时，应及时处理，防止内部受潮损坏。

6.5.2.4 加强套管末屏接地检测、检修及运行维护管理，每次拆接末屏后应检查末屏接地状况，在变压器投运时和运行中开展套管末屏接地状况带电测量。

6.5.2.5 运行中变压器套管油位视窗无法看清时，继续运行过程中应按周期结合红外成像技术掌握套管内部油位变化情况，防止套管事故发生。

6.5.2.6 66kV 及以上变压器套管应定期进行红外成像测温检查。套管渗漏油时，应及时处理，防止内部受潮而损坏。

6.6 防止冷却系统事故

6.6.1 基本建设阶段

6.6.1.1 应优先选用自然油循环风冷或自冷方式的变压器。

6.6.1.2 潜油泵的轴承应采取 E 级或 D 级，禁止使用无铭牌、无级别的轴承。对强油导向的变压器油泵应选用转速不大于 1500r/min 的低速油泵。

6.6.1.3 对强油循环的变压器，在按规定程序开启所有油泵（包括备用）后整个冷却装置上不应出现负压。

6.6.1.4 强油循环的冷却系统必须配置两个相互独立的电源，并具备自动切换功能。

6.6.1.5 新建或扩建变压器一般不采用水冷方式。对特殊场合必须采用水冷却系统的，应采用双层铜管冷却系统。

6.6.1.6 变压器冷却系统的工作电源应有三相电压监测，任一相故障失电时，应保证自动切换至备用电源供电。

6.6.2 生产运营阶段

6.6.2.1 强迫油循环冷却系统的两个独立电源应定期进行切换试验，有关信号装置应齐全可靠。

6.6.2.2 强迫循环结构的潜油泵启动应逐台启用，延时间隔应在 30s 以上，以防止气体继电器误动。

6.6.2.3　对于盘式电机油泵，应注意定子和转子的间隙调整，防止铁芯的平面摩擦。运行中如出现过热、振动、杂音及严重漏油等异常时，应安排停运检修。

6.6.2.4　为保证冷却效果，管状结构变压器冷却器每年应进行 1~2 次冲洗，并宜安排在大负荷来临前进行。

6.7　防止互感器事故

6.7.1　防止各类油浸式互感器事故

6.7.1.1　油浸式互感器应选用带金属膨胀器微正压结构型式。

6.7.1.2　所选用电流互感器的动热稳定性能应满足安装地点系统短路容量的要求，一次绕组串联时也应满足安装地点系统短路容量的要求。

6.7.1.3　电容式电压互感器的中间变压器高压侧不应装设金属氧化物避雷器（MOA）。

6.7.1.4　66~330kV 互感器在出厂试验时，局部放电试验的测量时间延长到 5min。

6.7.1.5　对电容式电压互感器应要求制造厂在出厂时进行 $0.8U_n$、$1.0U_n$、$1.2U_n$ 及 $1.5U_n$ 的铁磁谐振试验（注：U_n 指额定一次相电压）。

6.7.1.6　电磁式电压互感器在交接试验时，应进行空载电流测量。励磁特性的拐点电压应大于 $1.5U_m/\sqrt{3}$（中性点有效接地系统）或 $1.9U_m/\sqrt{3}$（中性点非有效接地系统）。

6.7.1.7　电流互感器的一次端子所受的机械力不应超过制造厂规定的允许值，其电气连接应接触良好，防止产生过热故障及电位悬浮。互感器的二次引线端子应有防转动措施，防止外部操作造成内部引线扭断。

6.7.1.8　在交接试验时，对 66kV 及以上电压等级的油浸式电流互感器，应逐台进行交流耐受电压试验，交流耐压试验前后应进行油中溶解气体分析。油浸式设备在交流耐压试验前要保证静置时间：110kV（66kV）设备静置时间不小于 24h；220kV 设备静置时间不小于 48h；330kV 设备静置时间不小于 72h。

6.7.1.9　对于 220kV 及以上等级的电容式电压互感器，其耦合电容器部分是分成多节的，安装时必须按照出厂时的编号以及上下顺序进行安装，严禁互换。

6.7.1.10 电流互感器运输应严格遵照设备技术规范和制造厂要求，220kV及以上电压等级互感器运输应在每台产品（或每辆运输车）上安装冲撞记录仪，设备运抵现场后应检查确认，记录数值超过5g的，应经评估确认互感器是否需要返厂检查。

6.7.1.11 电流互感器一次直阻出厂值和设计值应无明显差异，交接时测试值与出厂值也应无明显差异，且相间应无明显差异。

6.7.1.12 已安装完成的互感器若长期未带电运行（66kV及以上大于半年，35kV及以下一年以上），在投运前应按照《输变电设备状态检修试验规程》（DL/T393）进行例行试验。

6.7.1.13 事故抢修安装的油浸式互感器，应保证静放时间，其中330kV及以上油浸式互感器静放时间应大于36h，110~220kV油浸式互感器静放时间应大于24h。

6.7.1.14 对新投运的220kV及以上电压等级电流互感器，1~2年内应取油样进行油色谱、微水分析；对于厂家明确要求不取油样的产品，确需取样或补油时应由制造厂配合进行。

6.7.1.15 互感器的一次端子引线连接端要保证接触良好，并有足够的接触面积，以防止产生过热性故障。一次接线端子的等电位连接必须牢固可靠。其接线端子之间必须有足够的安全距离，防止引线线夹造成一次绕组短路。

6.7.1.16 老型带隔膜式及气垫式储油柜的互感器，应加装金属膨胀器进行密封改造。现场密封改造应在晴好天气进行。对尚未改造的互感器应每年检查顶部密封状况，对老化的胶垫与隔膜应予以更换。对隔膜上有积水的互感器，应对其本体和绝缘油进行有关试验，试验不合格的互感器应退出运行。绝缘性能有问题的老旧互感器，退出运行不再进行改造。

6.7.1.17 对硅橡胶套管和加装硅橡胶伞裙的瓷套，应经常检查硅橡胶表面有无放电或老化、龟裂现象，如果有应及时处理。

6.7.1.18 运行人员正常巡视应检查记录互感器油位情况。对运行中渗漏油的互感器，应根据情况限期处理，必要时进行油样分析，对于含水量异常的互感器要加强监视或进行油处理。油浸式互感器严重漏油及电容式电压互感器电容单元漏油的应立即停止运行。

6.7.1.19　应及时处理或更换已确认存在严重缺陷的互感器。对怀疑存在缺陷的互感器，应缩短试验周期进行跟踪检查和分析查明原因。对于全密封型互感器，油中气体色谱分析仅 H_2 单项超过注意值时，应跟踪分析，注意其产气速率，并综合诊断：如产气速率增长较快，应加强监视；如监测数据稳定，则属非故障性氢超标，可安排脱气处理；当发现油中有乙炔时，按相关标准规定执行。对绝缘状况有怀疑的互感器应运回试验室进行全面的电气绝缘性能试验，包括局部放电试验。

6.7.1.20　如运行中互感器的膨胀器异常伸长顶起上盖，应立即退出运行。当互感器出现异常响声时应退出运行。当电压互感器二次电压异常时，应迅速查明原因并及时处理。

6.7.1.21　当采用电磁单元为电源测量电容式电压互感器的电容分压器 C1 和 C2 的电容量和介损时，必须严格按照制造厂说明书规定进行。

6.7.1.22　根据电网发展情况，应注意验算电流互感器动热稳定电流是否满足要求。若互感器所在变电站短路电流超过互感器铭牌规定的动热稳定电流值时，应及时改变变比或安排更换。

6.7.1.23　严格按照《带电设备红外诊断应用规范》（DL/T 664）的规定，开展互感器的精确测温工作。新建、改扩建或大修后的互感器，应在投运后不超过 1 个月内（但至少在 24h 以后）进行一次精确检测。220kV 及以上电压等级的互感器每年在夏季前后应至少各进行一次精确检测。在高温大负荷运行期间，对 220kV 及以上电压等级互感器应增加红外检测次数。精确检测的测量数据和图像应归档保存。

6.7.1.24　加强电流互感器末屏接地检测、检修及运行维护管理。对结构不合理、截面偏小、强度不够的末屏应进行改造；检修结束后应检查确认末屏接地是否良好。

6.7.2　防止 66/330kV 六氟化硫绝缘电流互感器事故

6.7.2.1　应重视和规范六氟化硫绝缘电流互感器的监造、验收工作。

6.7.2.2　六氟化硫绝缘电流互感器如具有电容屏结构，其电容屏连接筒应要求采用强度足够的铸铝合金制造，以防止因材质偏软导致电容屏连接筒移位。

6.7.2.3　应加强对六氟化硫绝缘电流互感器绝缘支撑件的检验控制。

6.7.2.4 六氟化硫绝缘电流互感器出厂试验时各项试验包括局部放电试验和耐压试验必须逐台进行。

6.7.2.5 制造厂应采取有效措施，防止运输过程中内部构件震动移位。用户自行运输时应按制造厂规定执行。

6.7.2.6 110kV 及以下互感器推荐直立安放运输，220kV 及以上互感器必须满足卧倒运输的要求。运输时 110kV（66kV）产品每批次超过 10 台时，每车装 10g 振动子 2 个，低于 10 台时每车装 10g 振动子 1 个；220kV 产品每台安装 10g 振动子 1 个；330kV 及以上每台安装带时标的三维冲撞记录仪。到达目的地后检查振动记录装置的记录，若记录数值超过 10g 一次或 10g 振动子落下，则产品应返厂解体检查。

6.7.2.7 运输时六氟化硫绝缘电流互感器所充气压应严格控制在允许的范围内。

6.7.2.8 进行安装时，密封检查合格后方可对互感器充六氟化硫气体至额定压力，静置 24h 后进行六氟化硫气体微水测量。气体密度表、继电器必须经校验合格。

6.7.2.9 气体绝缘的电流互感器安装后应进行现场老炼试验。老炼试验后进行耐压试验，试验电压为出厂试验值的 80%。条件具备且必要时还宜进行局部放电试验。

6.7.2.10 运行中应巡视检查六氟化硫绝缘电流互感器气体密度表，产品年漏气率应小于 0.5%。

6.7.2.11 若压力表偏出绿色正常压力区时，应引起注意，并及时按制造厂要求停电补充合格的六氟化硫新气。一般应停电补气，个别特殊情况需带电补气时，应在厂家指导下进行。

6.7.2.12 六氟化硫绝缘电流互感器补气较多时（表压小于 0.2MPa），应进行工频耐压试验。

6.7.2.13 交接时六氟化硫气体含水量应小于 250μL/L。运行中不应超过 500μL/L（换算至 20℃），若超标时应进行处理。

6.7.2.14 设备故障跳闸后，应进行六氟化硫气体分解产物检测，以确定内部有无放电。避免带故障强送再次放电。

6.7.2.15 对长期微渗的互感器应重点开展六氟化硫气体微水量的检测，必要时可缩短检测时间，以掌握六氟化硫电流互感器气体微水量变化趋势。

7 防止 GIS、开关设备事故

7.1 防止 GIS（包括 HGIS）、六氟化硫断路器事故

7.1.1 基本建设阶段

7.1.1.1 加强对 GIS、六氟化硫断路器的选型、订货、安装调试、验收及投运的全过程管理。应选择具有良好运行业绩和成熟制造经验生产厂家的产品。

7.1.1.2 新订货断路器应优先选用弹簧机构、液压机构（包括弹簧储能液压机构）。

7.1.1.3 GIS 在设计过程中应特别注意气室的划分，避免某处故障后劣化的六氟化硫气体造成 GIS 的其他带电部位的闪络，同时也应考虑检修维护的便捷性，保证最大气室气体量不超过 8h 的气体处理设备的处理能力。

7.1.1.4 GIS、六氟化硫断路器设备内部的绝缘操作杆、盆式绝缘子、支撑绝缘子等部件必须经过局部放电试验方可装配，要求在试验电压下单个绝缘件的局部放电量不大于 3pC。

7.1.1.5 断路器、隔离开关和接地开关出厂试验时应进行不少于 200 次的机械操作试验，以保证触头充分磨合。200 次操作完成后应彻底清洁壳体内部，再进行其他出厂试验。

7.1.1.6 六氟化硫密度继电器与开关设备本体之间的连接方式应满足不拆卸校验密度继电器的要求。密度继电器应装设在与断路器或 GIS 本体同一运行环境温度的位置，以保证其报警、闭锁触点正确动作。220kV 及以上 GIS 分箱结构的断路器每相应安装独立的密度继电器。户外安装的密度继电器应设置防雨罩，密度继电器防雨箱（罩）应能将表、控制电缆接线端子一起放入，防止指示表、控制电缆接线盒和充放气接口进水受潮。

7.1.1.7 为便于试验和检修，GIS 的母线避雷器和电压互感器、电缆进线间隔的避雷器、线路电压互感器应设置独立的隔离开关或隔离断口；架空进线的 GIS 线路间隔的避雷器和线路电压互感器宜采用外置结构。

7.1.1.8 用于低温（最低温度为–30℃及以下）、重污秽 e 级或沿海 d 级地区的 220kV 及以下电压等级 GIS，宜采用户内安装方式。

7.1.1.9 开关设备机构箱、汇控箱内应有完善的驱潮防潮装置，防止凝露造成二次设备损坏。

7.1.1.10 室内布置的 GIS、六氟化硫开关设备室，应配置相应的六氟化硫泄漏检测报警、强力通风及氧含量检测系统。

7.1.1.11 GIS、罐式断路器现场安装过程中，必须采取有效的防尘措施，如移动防尘帐篷等，GIS 的孔、盖等打开时，必须使用防尘罩进行封盖。安装现场环境太差、尘土较多或相邻部分正在进行土建施工等情况下应停止安装。

7.1.1.12 六氟化硫开关设备现场安装过程中，在进行抽真空处理时，应采用出口带有电磁阀的真空处理设备，且在使用前应检查电磁阀动作可靠，防止抽真空设备意外断电造成真空泵油倒灌进入设备内部。并且在真空处理结束后应检查抽真空管的滤芯有无油渍。为防止真空度计水银倒灌进设备中，禁止使用麦氏真空计。

7.1.1.13 GIS 安装过程中必须对导体是否插接良好进行检查，特别对可调整的伸缩节及电缆连接处的导体连接情况应进行重点检查。

7.1.1.14 严格按有关规定对新装 GIS、罐式断路器进行现场耐压，耐压过程中应进行局部放电检测，有条件时可对 GIS 设备进行现场冲击耐压试验。GIS 出厂试验、现场交接耐压试验中，如发生放电现象，不管是否为自恢复放电，均应解体或开盖检查、查找放电部位。对发现有绝缘损伤或有闪络痕迹的绝缘部件均应进行更换。

7.1.1.15 断路器安装后必须对其二次回路中的防跳继电器、非全相继电器进行传动，并保证在模拟手合于故障条件下断路器不会发生跳跃现象。

7.1.1.16 加强断路器合闸电阻的检测和试验，防止断路器合闸电阻缺陷引发故障。在断路器产品出厂试验、交接试验及例行试验中，应对断路器主触头与合闸电阻触头的时间配合关系进行测试，有条件时应测量合闸电阻的阻值。

7.1.1.17 六氟化硫气体必须经质量监督单位抽检合格，并出具检测报告后方可使用。

7.1.1.18 六氟化硫气体注入设备后必须进行湿度试验，且应对设备内气体进行六氟化硫纯度检测，必要时进行气体成分分析。

7.1.2　生产运营阶段

7.1.2.1　应加强运行中 GIS 和罐式断路器的带电局放检测工作。在大修后应进行局放检测，在大负荷前、经受短路电流冲击后必要时应进行局放检测，对于局放量异常的设备，应同时结合六氟化硫气体分解物检测技术进行综合分析和判断。

7.1.2.2　为防止运行断路器绝缘拉杆断裂造成拒动，应定期检查分合闸缓冲器，防止由于缓冲器性能不良使绝缘拉杆在传动过程中受冲击，同时应加强监视分合闸指示器与绝缘拉杆相连的运动部件相对位置有无变化，或定期进行合、分闸行程曲线测试。对于采用"螺旋式"连接结构绝缘拉杆的断路器应进行改造。

7.1.2.3　当断路器液压机构突然失压时应申请停电处理。在设备停电前，严禁人为启动油泵，防止断路器慢分。

7.1.2.4　对液压机构应注意液压油油质的变化，必要时应及时滤油或换油。

7.1.2.5　加强开关设备外绝缘的清扫或采取相应的防污闪措施。

7.1.2.6　当断路器大修时，应检查液压机构分、合闸阀的阀针脱机装置是否松动或变形，防止由于阀针松动或变形造成断路器拒动。

7.1.2.7　弹簧机构断路器应定期进行机械特性试验，测试其行程曲线是否符合厂家标准曲线要求。

7.1.2.8　对处于严寒地区、运行 10 年以上的罐式断路器，应结合例行试验检查瓷质套管法兰浇装部位防水层是否完好，必要时应重新复涂防水胶。

7.1.2.9　加强断路器操作机构的检查维护，保证机构箱密封良好，防雨、防尘、通风、防潮等性能良好，并保持内部干燥清洁。

7.1.2.10　加强辅助开关的检查维护，防止由于辅助触点腐蚀、松动变位、转换不灵活、切换不可靠等原因造成开关设备拒动。

7.1.2.11　每 15 年或按制造厂规定应对电气回路、操动机构、气体、绝缘件等主回路元件进行 1 次大修。

7.2　防止隔离开关、接地开关事故

7.2.1　基本建设阶段

7.2.1.1　220kV 及以上电压等级隔离开关和接地开关在制造厂必须进行全面

组装，调整好各部件的尺寸，并做好相应的标记。

7.2.1.2 隔离开关与其所配装的接地开关间应配有可靠的机械闭锁，机械闭锁应有足够的强度。

7.2.1.3 同一间隔内的多台隔离开关的电机电源，在端子箱内必须分别设置独立的开断设备。

7.2.1.4 应在隔离开关绝缘子金属法兰与瓷件的浇装部位涂以性能良好的防水密封胶。

7.2.1.5 新安装或检修后的隔离开关必须进行导电回路电阻测试。

7.2.1.6 新安装的隔离开关手动操作力矩应满足相关技术要求。

7.2.1.7 对新安装的隔离开关，隔离开关的中间法兰和根部应进行无损探伤。

7.2.2 生产运营阶段

7.2.2.1 加强对隔离开关导电部分、转动部分、操作机构、瓷绝缘子等的检查，防止机械卡涩、触头过热、绝缘子断裂等故障的发生。隔离开关各运动部位用润滑脂，宜采用性能良好的二硫化钼锂基润滑脂。

7.2.2.2 为预防 GW6 型等类似结构的隔离开关运行中"自动脱落分闸"，在检修中应检查操作机构蜗轮、蜗杆的啮合情况，确认没有倒转现象；检查并确认刀闸主拐臂调整应过死点；检查平衡弹簧的张力应合适。

7.2.2.3 在运行巡视时，应注意隔离开关、母线支柱绝缘子瓷件及法兰无裂纹，夜间巡视时应注意瓷件无异常电晕现象。

7.2.2.4 隔离开关倒闸操作，应尽量采用电动操作，并远离隔离开关，操作过程中应严格监视隔离开关动作情况，如发现卡涩应停止操作并进行处理，严禁强行操作。

7.2.2.5 定期用红外测温设备检查隔离开关设备的接头、导电部分，特别是在重负荷或高温期间，加强对运行设备温升的监视，发现问题应及时采取措施。

7.2.2.6 对运行 10 年以上的隔离开关，每 5 年对隔离开关中间法兰和根部进行无损探伤。

7.3 防止开关柜事故

7.3.1 基本建设阶段

7.3.1.1 高压开关柜应优先选择 LSC2 类（具备运行连续性功能）、"五防"功能完备的产品，其外绝缘应满足以下条件：

空气绝缘净距离：不小于 125mm（对 12kV），不小于 300mm（对 40.5kV）。

爬电比距：不小于 18mm/kV（对瓷质绝缘），不小于 20mm/kV（对有机绝缘）。

如采用热缩套包裹导体结构，则该部位必须满足上述空气绝缘净距离要求；如开关柜采用复合绝缘或固体绝缘封装等可靠技术，可适当降低其绝缘距离要求。

7.3.1.2 开关柜应选用 IAC 级（内部故障级别）产品，制造厂应提供相应型式试验报告（报告中附试验试品照片）。选用开关柜时应确认其母线室、断路器室、电缆室相互独立，且均通过相应内部燃弧试验，内部故障电弧允许持续时间应不小于 0.5s，试验电流为额定短时耐受电流，对于额定短路开断电流 31.5kA以上产品可按照 31.5kA 进行内部故障电弧试验。封闭式开关柜必须设置压力释放通道。

7.3.1.3 高压开关柜内避雷器、电压互感器等柜内设备应经隔离开关（或隔离手车）与母线相连，严禁与母线直接连接。其前面板模拟显示图必须与其内部接线一致，开关柜可触及隔室、不可触及隔室、活门和机构等关键部位在出厂时应设置明显的安全警告、警示标识。柜内隔离金属活门应可靠接地，活门机构应选用可独立锁止的结构，防止检修时人员失误打开活门。

7.3.1.4 高压开关柜内的绝缘件（如绝缘子、套管、隔板和触头罩等）应采用阻燃绝缘材料。

7.3.1.5 应在开关柜配电室配置通风、除湿防潮设备，防止凝露导致绝缘事故。

7.3.1.6 开关柜中所有绝缘件装配前均应进行局放检测，单个绝缘件局部放电量不大于 3pC。

7.3.1.7 基建中高压开关柜在安装后应对其一、二次电缆进线处采取有效封堵措施。

7.3.1.8 为防止开关柜火灾蔓延，在开关柜的柜间、母线室之间及与本柜其他功能隔室之间应采取有效的封堵隔离措施。

7.3.1.9 高压开关柜应检查泄压通道或压力释放装置，确保与设计图纸保持一致。

7.3.2 生产运营阶段

7.3.2.1 手车开关每次推入柜内后，应保证手车到位和隔离插头接触良好。

7.3.2.2 定期开展超声波局部放电检测、暂态地电压检测，及早发现开关柜内绝缘缺陷，防止由开关柜内部局部放电演变成短路故障。

7.3.2.3 开展开关柜温度检测，对温度异常的开关柜强化分析、处理，防止导电回路过热引发的柜内短路故障。

7.3.2.4 加强带电显示闭锁装置的运行维护，保证其与柜门间强制闭锁的运行可靠性。防误操作闭锁装置或带电显示装置失灵应作为严重缺陷尽快予以消除。

7.3.2.5 加强高压开关柜巡视检查和状态评估，对操作频繁的开关柜要适当缩短巡检和维护周期。

案 例 操作机构出故障 传动连杆齿轮脱

● 事故经过

某风电场主变压器进行预防性试验，试验要求主变压器高压侧 A 接地刀闸处于分闸状态，运行人员打开 A 接地刀闸之后，发现主变压器高压侧仍处于接地状态。为了确定故障位置，维护人员将接地刀闸所在断路器另一侧的 B 接地刀闸进行分闸，检测主变压器高压侧仍然处于接地状态。再将 A 接地刀闸三相的连片断开，主变压器侧的接地现象随之消失。由此判断接地点在 A 接地刀闸位置。

随后检修人员将 A 接地刀闸的外护套拆开，并且在此状态下对刀闸进行分、合操作，发现 A、B 相之间以及 B、C 相之间的传动连杆没有随操作机构动作。仔细检查后发现接地刀闸操作机构与传动连杆的齿轮脱口，导

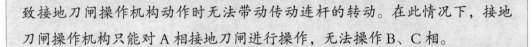

致接地刀闸操作机构动作时无法带动传动连杆的转动。在此情况下，接地刀闸操作机构只能对 A 相接地刀闸进行操作，无法操作 B、C 相。

● 事故原因

（1）操作机构的传动连杆脱扣，操作机构显示标志及电气信号不能准确反映三相的真实状态，仅仅可以反应 A 相的分合状态。

（2）发生故障的接地刀闸 A 相连杆上举行管夹的缺口并未与方管缺口一致，导致矩形管夹没有夹紧方管及其内部齿轮轴（连杆转配图纸，连杆上矩形管夹的缺口与方管的缺口对应，这样紧固矩形管夹才能夹紧方管及其内部齿轮轴）。

（3）发生故障的接地刀闸 A 相开口销位置距离装有鼓型齿轮的方轴端面距离约有 10mm（正常为 2mm），因此开口销未完全起到轴向的限位作用。

● 防范措施

（1）技术改造，在连接机构采用带顶丝螺母轴向限位。即在鼓型齿轮轴加长并加工外螺纹，在轴上加装限位螺母，确保传动可靠。

（2）在 C 相转动轴端面中心上增加有个螺纹孔，连接位置指示器的连杆。C 相位置指示初始状态与机构指示状态一致，操作机构后，可以观察 C 相指示装置状态。

（3）在连接机构 B、C 相支座内传动轴上加装丝杠滑块装置，丝杠随传动轴一起转动，与丝杠配合的乎其快驱动杆在导向槽内直线运动，出发分合闸位置的微动开关并输出分合闸位置信号，将其并接入 A 相机构箱，串接后的信号仍从原分合位置信号的插接件引出。从而实现远程监控操作机构的三相分合状态，实现连锁。

8 防止接地网和过电压事故

8.1 防止接地网事故

8.1.1 基本建设阶段

8.1.1.1 在输变电工程设计中，应认真吸取接地网事故教训，并按照相关规程规定的要求，改进和完善接地网设计。

8.1.1.2 对于 35kV 及以上新建、改建变电站，在中性或酸性土壤地区，接地装置选用热镀锌钢为宜，在强碱性土壤地区或者其站址土壤和地下水条件会引起钢质材料严重腐蚀的中性土壤地区，宜采用铜质、铜覆钢（铜层厚度不小于 0.8mm）或者其他具有防腐性能材质的接地网。对于室内变电站采用铜质材料的接地网。铜材料间或铜材料与其他金属间的连接，须采用放热焊接，不得采用电弧焊接或压接。

8.1.1.3 在新建工程设计中，校验接地引下线热稳定所用电流应不小于远期可能出现的最大值，有条件地区可按照断路器额定开断电流考核；接地装置接地体的截面面积不小于连接至该接地装置接地引下线截面面积的 75%。并提出接地装置的热稳定容量计算报告。

8.1.1.4 变压器中性点应有两根与地网主网格的不同边连接的接地引下线，并且每根接地引下线均应符合热稳定校核的要求。主设备及设备架构等宜有两根与主接地网不同干线连接的接地引下线，并且每根接地引下线均应符合热稳定校核的要求。连接引线应便于定期进行检查测试。

8.1.1.5 施工单位应严格按照设计要求进行施工，预留设备、设施的接地引下线必须经确认合格，隐蔽工程必须经监理单位和建设单位验收合格，在此基础上方可回填土。同时，应分别对两个最近的接地引下线之间测量其回路电阻，测试结果是交接验收资料的必备内容，竣工时应全部交备存。

8.1.1.6 接地装置的焊接质量必须符合有关规定要求，各设备与主地网的连接必须可靠，扩建地网与原地网间应为多点连接。接地线与接地极的连接应用焊接，接地线与电气设备的连接可用螺栓或者焊接，用螺栓连接时应设防松螺帽或防松垫片。

8.1.1.7　对于高土壤电阻率地区的接地网，在接地阻抗难以满足要求时，应采用完善的均压及隔离措施，防止人身及设备事故，方可投入运行。对弱电设备应有完善的隔离或限压措施，防止接地故障时地电位的升高造成设备损坏。

8.1.1.8　变电站控制室应独立敷设与主接地网紧密连接的二次等电位接地网，在系统发生近区故障和雷击事故时，以降低二次设备间电位差，减少对二次回路的干扰。

8.1.1.9　变电站避雷针应设置独立的接地网，并保证与变电站主接地网地中距离满足要求。

8.1.2　生产运营阶段

8.1.2.1　对于已投运的接地装置，应每年根据变电站短路容量的变化，校核接地装置（包括设备接地引下线）的热稳定容量，并结合短路容量变化情况和接地装置的腐蚀程度有针对性地对接地装置进行改造。对于变电站中的不接地、经消弧线圈接地、经低阻或高阻接地系统，必须按异点两相接地校核接地装置的热稳定容量。

8.1.2.2　应根据历次接地引下线的导通检测结果进行分析比较，以决定是否需要进行开挖检查、处理。

8.1.2.3　定期（时间间隔应不大于 5 年）通过开挖抽查等手段确定接地网的腐蚀情况，铜质材料接地体地网不必定期开挖检查。若接地网接地阻抗或接触电压和跨步电压测量不符合设计要求，怀疑接地网被严重腐蚀时，应进行开挖检查。如发现接地网腐蚀较为严重，应及时进行处理。

8.1.2.4　在扩建工程设计中，除应满足 8.1.1.3 中新建工程接地装置的热稳定容量要求以外，还应对前期已投运的接地装置进行热稳定容量校核，不满足要求的必须进行改造。

8.2 防止雷电过电压事故

8.2.1 基本建设阶段

8.2.1.1 设计阶段应因地制宜开展防雷设计，除 A 级［地闪密度小于 0.78 次 /（$km^2 \cdot a$）］雷区外，220kV 及以上线路一般应全线架设双地线，10~220kV 线路应全线架设地线。保护角可参照国家电网公司《架空输电线路差异化防雷工作指导意见》选取。

8.2.1.2 对符合以下条件之一的敞开式变电站应在 35~220kV 进出线间隔入口处加装金属氧化物避雷器。

（1）变电站所在地区年平均雷暴日大于等于 50 或者近三年雷电监测系统记录的平均落雷密度大于等于 3.5 次 /（$km^2 \cdot a$）。

（2）变电站 35~220kV 进出线路走廊在距变电站 15km 范围内穿越雷电活动频繁［平均雷暴日数大于等于 40 日或近三年雷电监测系统记录的平均落雷密度大于等于 2.8 次 /（$km^2 \cdot a$）的丘陵或山区］。

（3）变电站已发生过雷电波侵入造成断路器等设备损坏。

（4）经常处于热备用状态的线路。

8.2.1.3 架空输电线路的防雷措施应按照输电线路在电网中的重要程度、线路走廊雷电活动强度、地形地貌及线路结构的不同，进行差异化配置，重点加强重要线路杆塔和线路的防雷保护。新建和运行的重要线路，应综合采取减小地线保护角、改善接地装置、适当加强绝缘等措施降低线路雷害风险。针对雷害风险较高的杆塔和线段宜采用线路避雷器保护。线路杆塔地线宜同期加装接地引下线，并与变电站内地网可靠连接。

8.2.1.4 在土壤电阻率较高地段的杆塔，可采用增加垂直接地体、加长接地带、改变接地形式、换土或采用接地模块等措施降低杆塔接地电阻值。

8.2.2 生产运营阶段

8.2.2.1 加强避雷线运行维护工作，确保线夹连接牢固。对于具有绝缘架空地线的线路，要加强放电间隙的检查与维护，确保动作可靠。

8.2.2.2 严禁利用避雷针、变电站构架和带避雷线的杆塔作为低压线、通信线、广播线、电视天线的支柱。

8.3 防止变压器过电压事故

8.3.1 基本建设阶段

8.3.1.1 为防止在有效接地系统中出现孤立不接地系统并产生较高工频过电压的异常运行工况，110～220kV 不接地变压器的中性点过电压保护应采用棒间隙保护方式。对于 110kV 变压器，当中性点绝缘的冲击耐受电压不大于 185kV 时，还应在间隙旁并联金属氧化物避雷器，间隙距离及避雷器参数配合应进行校核。间隙动作后，应检查间隙的烧损情况并校核间隙距离。

8.3.1.2 对于低压侧有空载运行或者带短母线运行可能的变压器，应在变压器低压侧装设避雷器进行保护。

8.3.2 生产运营阶段

切合 110kV 及以上有效接地系统中性点不接地的空载变压器时，应先将该变压器中性点临时接地。

8.4 防止谐振过电压事故

8.4.1 基本建设阶段

为防止中性点非直接接地系统发生由于电磁式电压互感器饱和产生的铁磁谐振过电压，可采取以下措施：

（1）选用励磁特性饱和点较高的，在 $1.9U_\mathrm{m}/\sqrt{3}$ 电压下，铁芯磁通不饱和的电压互感器。

（2）在电压互感器一次绕组中性点对地间串接线性或非线性消谐电阻、加零序电压互感器或在开口三角绕组加阻尼或其他专门消除此类谐振的装置。

（3）10kV 及以下电压互感器一次中性点应不直接接地。

8.4.2 生产运营阶段

为防止 110kV 及以上电压等级断路器断口均压电容与母线电磁式电压互感器发生谐振过电压，可通过改变运行和操作方式避免形成谐振过电压条件。新建或改造敞开式变电站应选用电容式电压互感器。

8.5 防止弧光接地过电压事故

8.5.1 基本建设阶段

对于自动调谐消弧线圈，在定购前应向制造厂索取能说明该产品可以根据系统电容电流自动进行调谐的试验报告。自动调谐消弧线圈投入运行后，应根据实际测量的系统电容电流对其自动调谐功能的准确性进行校核。

8.5.2 生产运营阶段

8.5.2.1 对于中性点不接地的 6～35kV 系统，应根据电网发展每 3～5 年进行一次电容电流测试。当单相接地故障电容电流超过《交流电气装置的过电压保护和绝缘配合》（DL/T 620）规定时，应及时装设消弧线圈；单相接地电流虽未达到规定值，也可根据运行经验装设消弧线圈，消弧线圈的容量应能满足过补偿的运行要求。在消弧线圈布置上，应避免由于运行方式改变出现部分系统无消弧线圈补偿的情况。对于已经安装消弧线圈、单相接地故障电容电流依然超标的应当采取消弧线圈增容或者采取分散补偿方式；对于系统电容电流大于 150A 及以上的，也可以根据系统实际情况改变中性点接地方式或者在配电线路分散补偿。

8.5.2.2 不接地和谐振接地系统发生单相接地时，应采取有效措施尽快消除故障，降低发生弧光接地过电压的风险。

8.6 防止无间隙金属氧化物避雷器事故

8.6.1 基本建设阶段

严格金属避雷器的选型管理，要从其额定电压和系统标称电压、被保护设备

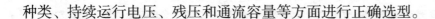

种类、持续运行电压、残压和通流容量等方面进行正确选型。

8.6.2 生产运营阶段

8.6.2.1　110kV 及以上电压等级避雷器应安装交流泄漏电流在线监测表计。对已安装在线监测表计的避雷器，有人值班的变电站每天至少巡视一次，每半月记录一次，并加强数据分析。无人值班变电站可结合设备巡视周期进行巡视并记录，强雷雨天气后应进行特巡。

8.6.2.2　严格遵守避雷器交流泄漏电流测试周期，雷雨季节前后宜各测量一次，测试数据应包括全电流及阻性电流。

8.6.2.3　为避免避雷器动作负载平衡，变电站同一电压等级避雷器应采用同类型避雷器，如有混装情况应进行改造更换。

9.1 防止倒塔事故

9.1.1 基本建设阶段

9.1.1.1 在特殊地形、极端恶劣气象环境条件下重要输电通道宜采取差异化设计，适当提高重要线路防冰、防洪、防风等设防水平。

9.1.1.2 线路设计时应预防不良地质条件引起的倒塔事故，避让可能引起杆塔倾斜、沉陷的矿场采空区；不能避让的线路，应进行稳定性评估，并根据评估结果采取地基处理（如灌浆）、合理的杆塔和基础型式（如大板基础）、加长地脚螺栓等预防塌陷措施。

9.1.1.3 对于易发生水土流失、洪水冲刷、山体滑坡、泥石流等地段的杆塔，应采取加固基础、修筑挡土墙（桩）、截（排）水沟、改造上下边坡等措施，必要时改迁路径。分洪区和洪泛区的杆塔必要时应考虑冲刷作用及漂浮物的撞击影响，并采取相应防护措施。

9.1.1.4 对于河网、沼泽、鱼塘等区域的杆塔，应慎重选择基础型式，基础顶面应高于5年一遇洪水位。

9.1.1.5 新建35kV及以上架空输电线路在农田、人口密集地区不宜采用拉线塔。已使用的拉线塔如果存在盗割、碰撞损伤等风险应按轻重缓急分期分批改造，其中拉V塔不宜连续超过3基，拉门塔等不宜连续超过5基。

9.1.1.6 基建阶段隐蔽工程应留有影像资料，并经监理单位和业主单位质量验收合格后方可掩埋。

9.1.1.7 新建35kV及以上线路不应选用混凝土杆；新建线路在选用混凝土杆时，应采用在根部标有明显埋入深度标识的混凝土杆。

9.1.1.8 线路杆塔螺栓应加装防松帽，投运后一年应进行逐个检查紧固。

9.1.2　生产运营阶段

9.1.2.1　运行维护单位应结合本单位实际制定防止倒塔事故预案，并在材料、人员上予以落实；并应按照分级储备、集中使用的原则，储备一定数量的事故抢修塔。

9.1.2.2　应对遭受恶劣天气后的线路进行特巡，当线路导线、地线发生覆冰、舞动时应做好观测记录，并进行杆塔螺栓松动、金具磨损等专项检查及处理。

9.1.2.3　加强铁塔基础的检查和维护，对塔腿周围取土、挖沙、采石、堆积、掩埋、水淹等可能危及杆塔基础安全的行为，应及时制止并采取相应防范措施。

9.1.2.4　应用可靠、有效的在线监测设备加强特殊区段的运行监测；积极推广直升机航巡，包括成熟的无人机航巡。

9.1.2.5　开展金属件技术监督，加强铁塔构件、金具、导线、地线腐蚀状况的观测，必要时进行防腐处理；对于运行年限较长、出现腐蚀严重、有效截面损失较多、强度下降严重的，应及时更换。

9.1.2.6　加强拉线塔的保护和维修。拉线下部应采取可靠的防盗、防割措施；应及时更换锈蚀严重的拉线和拉棒；对于易受撞击的杆塔和拉线，应采取防撞措施。

9.2　防止断线事故

9.2.1　基本建设阶段

9.2.1.1　应采取有效的保护措施防止导线、地线放线、紧线、连接及安装附件时损伤。

9.2.1.2　架空地线复合光缆（OPGW）外层线股110kV及以下线路应选取单丝直径2.8mm及以上的铝包钢线；220kV及以上线路应选取单丝直径3.0mm及以上的铝包钢线，并严格控制施工工艺。

9.2.1.3　重要跨越档内不应有接头；后期形成且尚未及时处理的接头应采用预绞式金具加固。

9.2.1.4 根据气象条件、覆冰厚度、污秽和腐蚀等情况，结合运行经验选取导线、地线的型式。如盐雾影响严重应考虑采用防腐类导线，大跨距应考虑采用钢芯加强型导线。

9.2.2 生产运营阶段

9.2.2.1 加强对大跨越段线路的运行管理，按期进行导线、地线测振，发现动、弯应变值超标应及时分析、处理。

9.2.2.2 在腐蚀严重地区，应根据导线、地线运行情况进行鉴定性试验；出现多处严重锈蚀、散股、断股、表面严重氧化时应及时换线。

9.3 防止绝缘子和金具断裂事故

9.3.1 基本建设阶段

9.3.1.1 风振严重区域的导线、地线线夹、防振锤和间隔棒应选用加强型金具或预绞式金具。

9.3.1.2 按照承受静态拉伸载荷设计的绝缘子和金具，应避免在实际运行中承受弯曲、扭转载荷、压缩载荷和交变机械载荷而导致断裂故障。

9.3.1.3 在复合绝缘子安装和检修作业时应避免损坏伞裙、护套及端部密封，不得脚踏复合绝缘子。在安装复合绝缘子时，不得反装均压环。

9.3.1.4 Ⅲ级及以上污秽区、维护困难地区，应选用复合绝缘子，多雷区又是污秽严重地区，应采用加长型复合绝缘子。

9.3.2 生产运营阶段

9.3.2.1 积极应用红外测温技术监测直线接续管、耐张线夹等引流连接金具的发热情况，高温大负荷期间应增加夜巡，发现缺陷及时处理。

9.3.2.2 加强对导线、地线悬垂线夹承重轴磨损情况的检查，导线、地线振动严重区段应按 2 年周期打开检查，磨损严重的应予更换。

9.3.2.3 应认真检查锁紧销的运行状况，锈蚀严重及失去弹性的应及时更换；特别应加强 V 串复合绝缘子锁紧销的检查，防止因锁紧销受压变形失效而导致掉线事故。

9.3.2.4　对于直线型重要交叉跨越塔，包括跨越 110kV 及以上线路、铁路、高速公路、一级公路和一、二级通航河流等，应采用双悬垂绝缘子串结构，且宜采用双独立挂点；无法设置双挂点的窄横担杆塔可采用单挂点双联绝缘子串结构。同时，应采取适当措施使双串绝缘子均匀受力。

9.3.2.5　加强瓷绝缘子、玻璃绝缘子的检查，及时更换零值、低值及破损的绝缘子。

9.3.2.6　加强复合绝缘子护套和端部金具连接部位的检查，端部密封破损及护套严重损坏的复合绝缘子应及时更换。

9.4　防止风偏闪络事故

9.4.1　基本建设阶段

9.4.1.1　新建线路设计时应结合已有的运行经验确定设计风速。

9.4.1.2　沿海台风地区，跳线应按设计风压的 1.2 倍校核。

9.4.1.3　设计单位应在终勘定位以后进行塔头风偏校验并向业主单位提供计算书，业主单位应存档备查。

9.4.2　生产运营阶段

9.4.2.1　运行单位应加强山区线路大档距的边坡及新增交叉跨越的排查，对影响线路安全运行的隐患及时治理。

9.4.2.2　线路风偏故障后，应检查导线、金具、铁塔等受损情况并及时处理。

9.4.2.3　更换不同型式的悬垂绝缘子串后，应对导线风偏角重新校核。

9.5　防止覆冰、舞动事故

9.5.1　基本建设阶段

9.5.1.1　线路路径选择应以冰区分布图、舞动区分布图为依据，宜避开重冰区及易发生导线舞动的区域。

9.5.1.2　新建架空输电线因路径选择困难无法避开重冰区及易发生导线舞动的局部区段应提高抗冰设计及采取有效的防舞措施，如采用线夹回转式间隔棒、相间间隔棒等，并逐步总结、完善防舞动产品的布置原则。

9.5.1.3　为减少或防止脱冰跳跃、舞动对导线造成的损伤，宜采用预绞丝护线条保护导线。

9.5.1.4　舞动易发区的导线、地线线夹、防振锤和间隔棒应选用加强型金具或预绞式金具。

9.5.2　生产运营阶段

9.5.2.1　应加强沿线气象环境资料的调研收集，加强导线、地线覆冰、舞动的观测，对覆冰及舞动易发区段，安装覆冰、舞动在线监测装置，全面掌握特殊地形、特殊气候区域的资料，充分考虑特殊地形、气象条件的影响，为预防和治理线路冰害提供依据。

9.5.2.2　对设计冰厚取值偏低且未采取必要防覆冰措施的重冰区线路应逐步改造，提高抗冰能力。

9.5.2.3　防舞治理应综合考虑线路防微风振动性能，避免因采取防舞动措施而造成导线、地线微风振动时动弯应变超标，从而导致疲劳断股、损伤；同时应加强防舞效果的观测和防舞装置的维护。

9.5.2.4　覆冰季节前应对线路做全面检查，落实除冰、融冰和防舞动措施。

9.5.2.5　线路覆冰后，应根据覆冰厚度和天气情况，对导线、地线采取交流短路融冰、直流融冰及安全可靠的机械融冰等措施以减少导线、地线覆冰。对已发生倾斜的杆塔应加强监测，可根据需要在直线杆塔上设立临时拉线以加强杆塔抗纵向不平衡张力的能力。

9.5.2.6　线路发生覆冰、舞动后，应根据实际情况安排停电检修，对线路覆冰、舞动重点区段的导线、地线线夹出口处、绝缘子锁紧销及相关金具进行检查和消缺；及时校核和调整因覆冰、舞动造成的导线、地线滑移引起的弧垂变化缺陷。

9.6 防止鸟害闪络事故

9.6.1 基本建设阶段

9.6.1.1 鸟害多发区的新建线路应设计、安装必要的防鸟装置。35、110（66）、220、330kV悬垂绝缘子的鸟粪闪络基本防护范围为以绝缘子悬挂点为圆心，半径分别为0.25m、0.55m、0.85m的圆。对于带有超大均压环的复合绝缘子，防护范围应作适当调整。

9.6.1.2 基建阶段应做好复合绝缘子防鸟啄工作，在线路投运前应对复合绝缘子伞裙、护套进行检查。

9.6.1.3 鸟害多发区线路应及时安装防鸟装置，如绝缘导线、防鸟刺、防鸟挡板、悬垂串第一片绝缘子采用大盘径绝缘子、复合绝缘子横担侧采用防鸟型均压环等。对已安装的防鸟装置应加强检查和维护，及时更换失效防鸟装置。

9.6.2 生产运营阶段

9.6.2.1 及时拆除线路绝缘子上方的鸟巢，并及时清扫鸟粪污染的绝缘子。

9.6.2.2 应加强沿线植被环境资料的调研收集，加强鸟种的行为习性，包括繁殖习性和迁徙规律观测与记录，为预防和治理线路鸟害提供依据。

9.7 防止外力破坏事故

9.7.1 基本建设阶段

9.7.1.1 新建线路设计时应采取必要的防外力破坏措施，验收时应检查防外力破坏措施是否落实到位。

9.7.1.2 架空线路跨越森林、防风林、固沙林、河流坝堤的防护林、高等级公路绿化带、经济园林等，宜根据树种的自然生长高度采用高跨设计。

9.7.2 生产运营阶段

9.7.2.1 加强输电线路外力破坏隐患排查治理工作，建立外力破坏隐患台账，运行维护责任单位对外力破坏隐患实行闭环管理。加强与地方政府及行政执法部门的联系协调，建立完善的群众护线制度，建立外力破坏隐患治理联动机制。

9.7.2.2 充分发挥地方政府及行政执法部门的作用，通过行政执法手段严厉打击破坏、盗窃、收购线路器材的违法犯罪活动，及时拆除危及线路安全运行的违章建筑物和构筑物。加强巡视和宣传，及时制止线路附近的烧荒、烧秸秆、放风筝、开山炸石、爆破作业等行为。

9.7.2.3 应在线路保护区或附近的公路、铁路、水利、市政施工现场等可能引起误碰线的区段设立限高警示牌或采取其他有效措施，防止起重机等施工机械碰线。

9.7.2.4 及时清理线路通道内的树障、堆积物等，严防因树木、堆积物与电力线路距离不够引起放电事故。

9.7.2.5 易遭外力碰撞的线路杆塔，应设置防撞墩并涂刷醒目标志漆、粘贴防撞贴等。

10 防止污闪事故

10.1 防污闪设计与设备选型

10.1.1 新建和扩建输变电设备应依据最新版污区分布图进行外绝缘配置。中重污区的外绝缘配置宜采用硅橡胶类防污闪产品，包括线路复合绝缘子、支柱复合绝缘子、复合套管、瓷绝缘子（含悬式绝缘子、支柱绝缘子及套管）和玻璃绝缘子表面喷涂防污闪涂料等。选站时应避让 d、e 级污区；如不能避让，变电站宜采用 GIS、HGIS 设备或全户内变电站。

10.1.2 污秽严重的覆冰地区外绝缘设计应采用加强绝缘、V 型串、不同盘径绝缘子组合等形式，通过增加绝缘子串长、阻碍冰凌桥接及改善融冰状况下导电水帘形成条件，防止冰闪事故。

10.1.3 中性点不接地系统的设备外绝缘配置至少应比中性点接地系统配置高一级，直至达到 e 级污秽等级的配置要求。

10.1.4 避免局部防污闪漏洞或防污闪死角。如：具有多种绝缘配置的线路中相对薄弱的区段，配置薄弱的耐张绝缘子，输、变电设备结合部等。

10.1.5 加强绝缘子全过程管理，全面规范绝缘子选型、招标、监造、验收及安装等环节，确保使用伞形合理、运行经验成熟、质量稳定的绝缘子。

10.1.6 防污闪涂料与防污闪辅助伞裙

10.1.6.1 绝缘子表面涂覆防污闪涂料和加装防污闪辅助伞裙是防止变电设备污闪的重要措施，其中避雷器不宜单独加装辅助伞裙，宜将防污闪辅助伞裙与防污闪涂料结合使用。隔离开关动触头支持绝缘子和操作绝缘子使用防污闪辅助伞裙时要根据绝缘子尺寸和间距选择合适的辅助伞裙尺寸、数量及安装位置。

10.1.6.2 宜优先选用加强 RTV-II 型防污闪涂料，防污闪辅助伞裙的材料性能与复合绝缘子的高温硫化硅橡胶一致。

10.1.6.3 加强防污闪涂料和防污闪辅助伞裙的施工和验收环节，防污闪涂料宜采用喷涂施工工艺，防污闪辅助伞裙与相应的绝缘子伞裙尺寸应吻合良好。

10.1.7　户内绝缘子防污闪要求

户内非密封设备外绝缘与户外设备外绝缘的防污闪配置级差不宜大于一级。应在设计、基建阶段考虑户内设备的防尘和除湿条件，确保设备运行环境良好。

10.2　生产维护与技术管理

10.2.1　电力系统污区分布图的绘制、修订应以现场污秽度为主要依据之一，并充分考虑污区图修订周期内的环境、气象变化因素，包括在建或计划建设的潜在污源，极端气候条件下连续无降水日的大幅度延长等。

10.2.2　外绝缘配置不满足污区分布图要求及防覆冰（雪）闪络、大（暴）雨闪络要求的输变电设备应予以改造，中重污区的防污闪改造应优先采用硅橡胶类防污闪产品。

10.2.3　清扫作为辅助性防污闪措施，可用于暂不满足防污闪配置要求的输变电设备及污染特殊严重区域的输变电设备。如：硅橡胶类防污闪产品已不能有效适应的粉尘特殊严重区域，高污染和高湿度条件同时出现的快速积污区域，雨水充沛地区出现超长无降水期导致绝缘子的现场污秽度可能超过设计标准的区域等，且应重点关注自洁性能较差的绝缘子。

10.2.4　加强零值、低值瓷绝缘子的检测，及时更换自爆玻璃绝缘子及零、低值瓷绝缘子。

11 防止电力电缆损坏事故

11.1 防止电缆绝缘击穿事故

11.1.1 基本建设阶段

11.1.1.1 应根据线路输送容量、系统运行条件、电缆路径、敷设方式等合理选择电缆和附件结构型式。

11.1.1.2 应避免电缆通道邻近热力管线、腐蚀性、易燃易爆介质的管道，确实不能避开时，应符合《电气装置安装工程电缆线路施工及验收规范》（GB 50168）第 5.2.3 条、第 5.4.4 条等的要求。

11.1.1.3 应加强电力电缆和电缆附件选型、订货、验收及投运的全过程管理。应优先选择具有良好运行业绩和成熟制造经验的制造商。

11.1.1.4 同一受电端的双回或多回电缆线路宜选用不同制造商的电缆、附件。66kV 及以上电压等级电缆的 GIS 终端和油浸终端宜选择插拔式。

11.1.1.5 10kV 及以上电力电缆应采用干法化学交联的生产工艺，110kV 及以上电力电缆应采用悬链或立塔式工艺。

11.1.1.6 运行在潮湿或浸水环境中的 66kV 及以上电压等级的电缆应有纵向阻水功能，电缆附件应密封防潮；35kV 及以下电压等级电缆附件的密封防潮性能应能满足长期运行需要。

11.1.1.7 电缆主绝缘、单芯电缆的金属屏蔽层、金属护层应有可靠的过电压保护措施。统包型电缆的金属屏蔽层、金属护层应两端直接接地。

11.1.1.8 合理安排电缆段长，尽量减少电缆接头的数量，严禁在变电站电缆夹层、桥架和竖井等缆线密集区域布置电力电缆接头。

11.1.1.9 对 220kV 及以上电压等级电缆、66kV 及以下电压等级重要线路的电缆，应进行工厂验收。

11.1.1.10 应严格进行到货验收，并开展到货检测。

11.1.1.11 在电缆运输过程中，应防止电缆受到碰撞、挤压等导致的机械损伤，严禁倒放。电缆敷设过程中应严格控制牵引力、侧压力和弯曲半径。

11.1.1.12　施工期间应做好电缆和电缆附件的防潮、防尘、防外力损伤措施。在现场安装高压电缆附件之前，其组装部件应试装配。安装现场的温度、湿度和清洁度应符合安装工艺要求，严禁在雨、雾、风沙等有严重污染的环境中安装电缆附件。

11.1.1.13　应检测电缆金属护层接地电阻、端子接触电阻，必须满足设计要求和相关技术规范要求。

11.1.1.14　金属护层采取交叉互联方式时，应逐相进行导通测试，确保连接方式正确。金属护层对地绝缘电阻应试验合格，过电压限制元件在安装前应检测合格。

11.1.2　生产运营阶段

11.1.2.1　运行部门应加强电缆线路负荷和温度的检（监）测，防止过负荷运行，多条并联的电缆应分别进行测量。巡视过程中应检测电缆附件、接地系统等关键接点的温度。

11.1.2.2　严禁金属护层不接地运行。应严格按照运行规程巡检接地端子、过电压限制元件，发现问题及时处理。

11.1.2.3　66kV 及以上采用电缆进出线的 GIS，宜预留电缆试验、故障测寻用的高压套管。

11.2　防止外力破坏和设施被盗

11.2.1　基本建设阶段

11.2.1.1　66kV 及以上电缆穿越桥梁等振动较为频繁的区域时，应采用可缓冲机械应力的固定装置。

11.2.1.2　同一负荷的双路或多路电缆，不宜布置在相邻位置。

11.2.1.3　电缆通道及直埋电缆线路工程、水底电缆敷设应严格按照相关标准和设计要求施工，并同步进行竣工测绘，非开挖工艺的电缆通道应进行三维测绘。应在投运前向运行部门提交竣工资料和图纸。

11.2.1.4　直埋电缆沿线、水底电缆应装设永久标识或路径感应标识。

11.2.1.5　电缆终端场站、隧道出入口、重要区域的工井井盖应有安防措施。户外金属电缆支架、电缆固定金具等应使用防盗螺栓。

11.2.2　生产运营阶段

11.2.2.1　电缆路径上应设立明显的警示标志，对可能发生外力破坏的区段应加强监视，并采取可靠的防护措施。

11.2.2.2　工井正下方的电缆，宜采取防止坠落物体打击的保护措施。

11.2.2.3　应监视电缆通道结构、周围土层和邻近建筑物等的稳定性，发现异常及时采取防护措施。

11.2.2.4　应及时清理退运的报废缆线，对盗窃易发地区的电缆设施应加强巡视。

11.3　防止单芯电缆金属护层绝缘故障

11.3.1　基本建设阶段

11.3.1.1　电缆通道、夹层及管孔等应满足电缆弯曲半径的要求，66kV 及以上电缆的支架应满足电缆蛇形敷设的要求。电缆应严格按照设计要求进行敷设、固定。

11.3.1.2　电缆支架、固定金具、排管的机械强度应符合设计和长期安全运行的要求，且无尖锐棱角。

11.3.1.3　应对完整的金属护层接地系统进行交接试验，包括电缆外护套、同轴电缆、接地电缆、接地箱、互联箱等。交叉互联系统导体对地绝缘强度应不低于电缆外护套的绝缘水平。

11.3.2　生产运营阶段

11.3.2.1　监视重载和重要电缆线路因运行温度变化产生的蠕变，出现异常应及时处理。

11.3.2.2　应严格按照试验规程对电缆金属护层的接地系统开展运行状态检

测、试验。

11.3.2.3　应严格按照试验规程规定检测金属护层接地电流、接地线连接点温度，发现异常应及时处理。

11.3.2.4　电缆线路发生运行故障后，应检查接地系统是否受损，发现问题应及时修复。

12 防止继电保护事故

12.1 规划配置与设计选型

12.1.1 继电保护规划要求

12.1.1.1　在一次系统规划建设中，应充分考虑继电保护的适应性，避免出现特殊接线方式造成继电保护配置及整定难度的增加，为继电保护安全可靠运行创造良好条件。

12.1.1.2　涉及电网安全、稳定运行的发电、输电及重要用电设备的继电保护装置应纳入电网统一规划、设计、运行、管理和技术监督。

12.1.2 继电保护配置要求

12.1.2.1　继电保护装置的配置和选型，必须满足有关规程规定的要求，并经相关继电保护管理部门同意。保护选型应采用技术成熟、性能可靠、质量优良的产品。

12.1.2.2　电力系统重要设备的继电保护应采用双重化配置。依照双重化原则配置的两套保护装置，每套保护均应含有完整的主、后备保护，能反应被保护设备的各种故障及异常状态，并能作用于跳闸或给出信号；宜采用主、后一体的保护装置。

12.1.2.3　330kV 及以上电压等级输变电设备的保护应按双重化配置；220kV 电压等级线路、变压器、母线等设备微机保护应双重化配置。

12.1.2.4　220kV 及以上电压等级线路纵联保护的通道（含光纤、波等通道及加工设备和供电电源等）、远方跳闸及就地判别装置应遵循相互独立的原则按双重化配置。

12.1.2.5　两套保护装置的交流电流应分别取自电流互感器互相独立的绕组；交流电压宜分别取自电压互感器互相独立的绕组。其保护范围应交叉重叠，避免死区。

12.1.2.6 两套保护装置的直流电源应取自不同蓄电池组供电的直流母线段。

12.1.2.7 有关断路器的选型应与保护双重化配置相适应，220kV及以上断路器必须具备双跳闸线圈机构。两套保护装置的跳闸回路应与断路器的两个跳闸线圈分别一一对应。

12.1.2.8 双重化配置的两套保护装置之间不应有电气联系。与其他保护、设备（如通道、失灵保护等）配合的回路应遵循相互独立且相互对应的原则，防止因交叉停用导致保护功能的缺失。

12.1.2.9 采用双重化配置的两套保护装置应安装在各自保护柜内，并应充分考虑运行和检修时的安全性。

12.1.2.10 双重化继电保护双回路合用同一通道未相互隔离的其中一个回路，应实施耐火防护或选用具有耐火性能的电缆。

12.1.2.11 智能变电站的保护设计应遵循"直接采样、直接跳闸""独立分散""就地化布置"原则。应特别注意防止智能变电站同时失去多套保护的风险。

12.1.3 继电保护设计选型

12.1.3.1 保护装置直流空气开关、交流空气开关应与上一级开关及总路空气开关保持级差关系，防止由于下一级电源故障时，扩大失电元件范围。

12.1.3.2 继电保护及相关设备的端子排，按照功能进行分区、分段布置，正、负电源之间、跳（合）闸引出线之间以及跳（合）闸引出线与正电源之间、交流电源与直流回路之间等应至少采用一个空端子隔开。

12.1.3.3 应根据系统短路容量合理选择电流互感器的容量、变比和特性，满足保护装置整定配合和可靠性的要求。新建和扩建工程宜选用具有多次级的电流互感器，优先选用贯穿（倒置）式电流互感器。

12.1.3.4 差动保护用电流互感器的相关特性宜一致。

12.1.3.5 应充分考虑电流互感器二次绕组合理分配，对确实无法解决的保护动作死区，在满足系统稳定要求的前提下，可采取启动失灵和远方跳闸等后备措施加以解决。

12.1.3.6 双母线接线变电站的母差保护、断路器失灵保护，除跳母联、分段的支路外，应经复合电压闭锁。

12.1.3.7　变压器宜配置单套非电量保护，应同时作用于断路器的两个跳闸线圈。未采用就地跳闸方式的变压器非电量保护应设置独立的电源回路（包括直流空气小开关及其直流电源监视回路）和出口跳闸回路，且必须与电气量保护完全分开。当变压器、电抗器采用就地跳闸方式时，应向监控系统发送动作信号。

12.1.3.8　非电量保护及动作后不能随故障消失而立即返回的保护（只能靠手动复位或延时返回）不应启动失灵保护。

12.1.3.9　线路纵联保护应优先采用光纤通道。线路纵联保护采用双重化配置时，在回路设计和调试过程中应采取有效措施防止保护通道交叉使用。分相电流差动保护应采用同一路由收发、往返延时一致的通道。

12.1.3.10　风电场集电线路、无功补偿装置和220kV及以上电气模拟量必须接入故障录波器。变压器不仅录取各侧电压、电流、中性点零序电流和中性点零序电压。所有保护出口信息、通道收发信情况及开关分合位情况等变位信息应全部接入故障录波器。

12.1.3.11　对闭锁式纵联保护，"其他保护停信"回路应直接接入保护装置，而不应接入收发信机。

12.1.3.12　220kV及以上电压等级的线路保护应采取措施，防止由于零序功率方向元件的电压死区导致零序功率方向纵联保护拒动。

12.1.3.13　电压互感器的一次侧隔离开关断开后，其二次回路应有防止电压反馈的措施。在二次回路工作时，防止电压互感器反充电造成故障或爆炸。

12.1.3.14　压力释放阀的动作接点、绕组温度计和顶层油温计的动作触点应接入信号回路。

12.2　二次回路与等电位接地网

12.2.1　二次回路

12.2.1.1　装设静态型、微机型继电保护装置和收发信机的厂、站接地电阻应符合《计算机场地通用规范》（GB/T 2887）和《计算机场地安全要求》（GB 9361）规定；上述设备的机箱应构成良好电磁屏蔽体，并有可靠的接地措施。

12.2.1.2 电流互感器的二次绕组及回路，必须且只能有一个接地点。当差动保护的各组电流回路之间因没有电气联系而选择在开关场就地接地时，须考虑由于开关场发生接地短路故障，将不同接地点之间的地电位差引至保护装置后所带来的影响。来自同一电流互感器二次绕组的三相电流线及其中性线必须置于同一根二次电缆。

12.2.1.3 公用电压互感器的二次回路只允许在控制室内有一点接地，为保证接地可靠，各电压互感器的中性线不得接有可能断开的开关或熔断器等。已在控制室一点接地的电压互感器二次绕组，宜在开关场将二次绕组中性点经放电间隙或氧化锌阀片接地，其击穿电压峰值应大于 $30I_{max}\text{V}$（I_{max} 为电网接地故障时通过变电站的可能最大接地电流有效值，单位为 kA）。

12.2.1.4 来自同一电压互感器二次绕组的三相电压线及其中性线必须置于同一根二次电缆，不得与其他电缆共用。来自同一电压互感器三次绕组的两（或三）根引入线必须置于同一根二次电缆，不得与其他电缆共用。应特别注意：电压互感器三次绕组及其回路不得短路。

12.2.1.5 交流电流和交流电压回路、交流和直流回路、强电和弱电回路，均应使用各自独立的电缆。

12.2.1.6 严格执行有关规程、规定及反事故措施，防止二次寄生回路的形成。

12.2.1.7 直接接入微机型继电保护装置的所有二次电缆均应使用屏蔽电缆，电缆屏蔽层应在电缆两端可靠接地。严禁使用电缆内的空线替代屏蔽层接地。

12.2.1.8 对经长电缆跳闸的回路，应采取防止长电缆分布电容影响和防止出口继电器误动的措施。

12.2.1.9 在运行和检修中应严格执行有关规程、规定及反事故措施，严格防止交流电压、电流串入直流回路。

12.2.1.10 如果断路器只有一组跳闸线圈，失灵保护装置工作电源应与相对应的断路器操作电源取自不同的直流电源系统。

12.2.1.11 主设备非电量保护应防水、防振、防油渗漏、密封性好。气体继电器至保护柜的电缆应尽量减少中间转接环节。

12.2.1.12 保护室与通信室之间信号优先采用光缆传输。若使用电缆，应采用双绞双屏蔽电缆并可靠接地。

12.2.2　等电位接地网

12.2.2.1　应采取有效措施防止空间磁场对二次电缆的干扰,应根据开关场和一次设备安装的实际情况,敷设与变电站主接地网紧密连接的等电位接地网。

12.2.2.2　应在主控室、保护室、敷设二次电缆的沟道、开关场的就地端子箱及保护用结合滤波器等处,使用截面面积不小于 $100mm^2$ 的裸铜排(缆)敷设与主接地网紧密连接的等电位接地网。

12.2.2.3　在主控室、保护室屏柜下层的电缆室(或电缆沟道)内,按屏柜布置的方向敷设 $100mm^2$ 的专用铜排(缆),将该专用铜排(缆)首末端连接,形成保护室内的等电位接地网。保护室内的等电位接地网与变电站的主接地网只能存在唯一连接点,连接点位置宜选择在保护室外部电缆沟道的入口处。为保证连接可靠,连接线必须用至少 4 根以上、截面面积不小于 $50mm^2$ 的铜缆(排)构成共点接地。

12.2.2.4　沿开关场二次电缆沟道敷设截面面积不少于 $100mm^2$ 的铜排(缆),并在保护室(控制室)及开关场的就地端子箱处与主接地网紧密连接,保护室(控制室)的连接点宜设在室内等电位接地网与变电站主接地网连接处。

12.2.2.5　由开关场的变压器、断路器、隔离开关和电流、电压互感器等设备至开关场就地端子箱之间的二次电缆应经金属管从一次设备的接线盒(箱)引至电缆沟,并将金属管的上端与上述设备的底座和金属外壳良好焊接,下端就近与主接地网良好焊接。上述二次电缆的屏蔽层在就地端子箱处单端使用截面面积不小于 $4mm^2$ 多股铜质软导线可靠连接至等电位接地网的铜排上,在一次设备的接线盒(箱)处不接地。

12.3　工程施工与运行维护

12.3.1　工程施工

12.3.1.1　应从保证设计、调试和验收质量的要求出发,合理确定新建、扩建、技改工程工期。基建调试应严格按照规程规定执行,不得为赶工期减少调试项目,降低调试质量。

12.3.1.2　新建、扩、改建工程除完成各项规定的分步试验外,还必须进行所有保护整组检查，模拟故障检查保护连接片的唯一对应关系，模拟闭锁触点动作或断开来检查其唯一对应关系，避免有任何寄生回路存在。

12.3.1.3　双重化配置的保护装置整组传动验收时，应采用同一时刻，模拟相同故障性质（故障类型相同，故障量相别、幅值、相位相同）的方法，对两套保护同时进行作用于两组跳闸线圈的试验。

12.3.1.4　所有差动保护（线路、母线、变压器等）在投入运行前，除应在能够保证互感器与测量仪表精度的负荷电流条件下，测定相回路和差回路外，还必须测量各中性线的不平衡电流、电压，以保证保护装置和二次回路接线的正确性。

12.3.1.5　新建、扩、改建工程的相关设备投入运行后，施工（或调试）单位应按照约定及时提供完整的一、二次设备安装资料及调试报告，并应保证图纸与实际投入运行设备相符。

12.3.1.6　验收方应根据有关规程、规定及反措要求制定详细的验收标准。新设备投产前应认真编写保护启动方案，做好事故预想，确保新投设备发生故障能可靠被切除。

12.3.1.7　新建、扩、改建工程中应同步建设或完善继电保护故障信息管理系统，并严格执行国家有关网络安全的相关规定。

12.3.1.8　继电保护装置的动作时间应与变压器短路承受能力试验持续时间相匹配，制造厂应提供变压器承受短路能力的有关数据。

12.3.2　运行维护

12.3.2.1　依据电网结构和继电保护配置情况，按相关规定进行继电保护的整定计算。当灵敏性与选择性难以兼顾时，应首先考虑以保灵敏度为主，防止保护拒动，报主管领导批准并备案。

12.3.2.2　应按相关规定进行继电保护整定计算，并认真校核与系统保护的配合关系。加强对主设备及继电保护整定计算与管理工作，安排专人每年对所辖设备的整定值进行全面复算和校核，注意防止因保护不正确动作，扩大事故范围。

12.3.2.3　过激磁保护的启动元件、反时限和定时限应能分别整定，其返回系数不宜低于 0.96。整定计算应全面考虑主变压器的过励磁能力。

12.3.2.4　严格执行工作票制度和二次工作安全措施票制度，规范现场安全措施，防止继电保护"三误"（误碰、误接线、误整定）事故。相关专业人员在继电保护回路工作时，必须遵守继电保护的有关规定。

12.3.2.5 微机型继电保护及安全自动装置的软件版本和结构配置文件修改、升级前，应对其书面说明材料及检测报告进行确认，并对原运行软件和结构配置文件进行备份。修改内容涉及测量原理、判据、动作逻辑或变动较大的，必须提交全面检测认证报告。保护软件及现场二次回路变更须经相关保护管理部门同意并及时修订相关的图纸资料。

12.3.2.6 加强继电保护装置运行维护工作。装置检验应保质保量，严禁超期和漏项，应特别加强对基建投产设备及新安装装置在一年内的全面校验，提高继电保护设备健康水平。

12.3.2.7 配置足够的保护备品、备件，缩短继电保护缺陷处理时间。微机保护装置的开关电源模件宜在运行6年后予以更换。

12.3.2.8 加强继电保护试验仪器、仪表的管理工作，每1~2年应对微机型继电保护试验装置进行一次全面检测，确保试验装置的准确度及各项功能满足继电保护试验的要求，防止因试验仪器、仪表存在问题而造成继电保护误整定、误试验。

12.3.2.9 继电保护专业和通信专业应密切配合，加强对纵联保护通道设备的检查，重点检查是否设定了不必要的收、发信环节的延时或展宽时间。注意校核继电保护通信设备（光纤、载波）传输信号的可靠性和冗余度及通道传输时间，防止因通信问题引起保护不正确动作。

12.3.2.10 未配置双套母差保护的变电站，在母差保护停用期间应采取相应措施，严格限制母线侧隔离开关的倒闸操作，以保证系统安全。

12.3.2.11 每年检查电压互感器放电间隙或氧化锌阀片，防止造成电压二次回路多点接地的现象。

12.3.2.12 在电压切换和电压闭锁回路，断路器失灵保护，母线差动保护，远跳、远切、联切回路以及"和电流"等接线方式有关的二次回路上工作时，以及3/2断路器接线等主设备检修而相邻断路器仍需运行时，应特别认真做好安全隔离措施。

12.3.2.13 新投运或电流、电压回路发生变更的220kV及以上保护设备，在第一次经历区外故障后，宜通过打印保护装置和故障录波器报告的方式校核保护交流采样值、收发信开关量、功率方向以及差动保护差流值的正确性。

13 防止电力调度自动化系统、电力通信网及信息系统事故

13.1 防止电力调度自动化系统事故

13.1.1 基本建设阶段

13.1.1.1 调度自动化系统的主要设备应采用冗余配置，互为热备，服务器的存储容量和中央处理器负载应满足相关规定要求。

13.1.1.2 风电等新能源接入站（风电接入汇集点）、通过 35kV 及以上电压等级线路并网且装机容量 40MW 及以上的风电场均应部署相量测量装置（PMU）。其测量信息应能满足调度机构需求，并提供给场站进行就地分析。相量测量装置（PMU）与主站之间应采用调度数据网络进行信息交互。

13.1.1.3 风电场变电站远动装置、计算机监控系统及其测控单元等自动化设备应采用冗余配置的不间断电源或站内直流电源供电。具备双电源模块的装置或计算机，两个电源模块应由不同电源供电。相关设备应加装防雷（强）电击装置，相关机柜及柜间电缆屏蔽层应可靠接地。

13.1.1.4 场站内的远动装置、相量测量装置（PMU）、电能量终端、时间同步装置、计算机监控系统及其测控单元、变送器及安全防护设备等自动化设备（子站）必须是通过具有国家级检测资质的质检机构检验合格的产品。

13.1.1.5 调度范围内的风电场、110kV 及以上电压等级的变电站应采用开放、分层、分布式计算机双网络结构，自动化设备通信模块应冗余配置，优先采用专用装置，无旋转部件，采用专用操作系统；至调度主站（含主调和备调）应具有两路不同路由的通信通道（主／备双通道）。

13.1.1.6 在基建调试和启动阶段，生产单位技术监督部门应在启动前检查现场调度自动化设备安装验收情况，调度自动化设备有关的运行规程、操作手册、系统配置图纸等应完整正确并与现场实际接线相符，调度自动化系统主站、子站、调度数据网等二次系统（设备）必须提前进行调试，确保与一次设备同步投入运行。

13.1.1.7　风电场变电站基（改、扩）建工程中调度自动化设备的设计、选型应符合调度自动化专业有关规程规定，并须经相关调度自动化管理部门同意。现场设备的信息采集、接口和传输规约必须满足调度自动化主站系统的要求。

13.1.1.8　场站端电力二次系统安全防护满足《电力二次系统安全防护总体规定》（国家电力监管委员会令第 5 号）及配套方案，确保电力二次系统安全防护体系完整可靠，具有数据网络安全防护实施方案和网络安全隔离措施，分区合理，隔离措施完备、可靠。

13.1.1.9　电力二次系统安全防护策略从边界防护逐步过渡到全过程安全防护，禁止选用经国家相关管理部门检测存在信息安全漏洞的设备，安全四级主要设备应满足电磁屏蔽的要求，全面形成具有纵深防御的安全防护体系。

13.1.1.10　生产控制大区内部的系统配置应符合规定要求，硬件应满足要求；生产控制大区一和二区之间应实现逻辑隔离，防火墙规则配置应严格；连接生产控制大区和管理信息大区间应安装单向横向隔离装置；风电场至上一级电力调度数据网之间应安装纵向加密认证装置，以上两装置应经过国家权威机构的测试和安全认证。

13.1.1.11　场站端应配备全站统一的卫星时钟设备和网络授时设备，对站内各种系统和设备的时钟进行统一校正。主时钟应采用双机冗余配置。时间同步装置应能可靠应对时钟异常跳变及电磁干扰等情况，避免时钟源切换策略不合理等导致输出时间的连续性和准确性受到影响。被授时系统（设备）对接收到的对时信息应做校验。

13.1.1.12　电力系统时间同步应以天基授时为主，地基授时为辅，逐步形成天地互备的时钟同步体系。天基授时应采用以北斗卫星对时为主、全球定位系统（GPS）对时为辅的单向授时方式；地基授时应采用以本地时钟守时为主，通信系统同步网资源为辅的对时方式。已投运场站的时间同步装置功能和性能不满足运行要求的，应列入技改计划，限期进行整改。

13.1.2　生产运营阶段

13.1.2.1　风电场自动发电控制和自动电压控制子站应具有可靠的技术措施，对接收到的所属调度自动化主站下发的自动发电控制指令和自动电压控制指令进行安全校核，对本地自动发电控制和自动电压控制系统的输出指令进行校验，拒绝执行明显影响风电场或电网安全的指令。除紧急情况外，未经调度许可，不得擅自修改自动发电控制和自动电压控制系统的控制策略和相关参数。场站自动发电控制和自动电压控制系统的控制策略更改后，需要对安全控制逻辑、闭锁策略、二次系统安全防护等方面进行全面测试验证，确保自动发电控制和自动电压控制系统在启动过程、系统维护、版本升级、切换、异常工况等过程中不发出或执行控制指令。

13.1.2.2　调度自动化系统运行维护管理部门应结合实际，建立健全各项管理办法和规章制度，必须制定和完善调度自动化系统运行管理规程、机房安全管理制度、系统运行值班与交接班制度、系统运行维护制度、运行与维护岗位职责和工作标准等。

13.1.2.3　风电场应制定和落实调度自动化系统应急预案和故障恢复措施，系统和运行数据应定期备份。

13.1.2.4　按照有关规定的要求，结合一次设备检修或故障处理，定期对调度范围内厂站远动信息（含相量测量装置信息）进行测试。遥信传动试验应具有传动试验记录，遥测精度应满足相关规定要求。

13.2　防止电力通信网事故

13.2.1　基本建设阶段

13.2.1.1　场站电力通信网的设计和改造计划应与电网发展相适应，充分满足各类业务应用需求，强化通信网薄弱环节的改造力度，力求网络结构合理、运行灵活、坚强可靠和协调发展。同时，设备选型应与现有网络使用的设备类型一致，保持网络完整性。

13.2.1.2　电力调度机构与其调度范围内的集控中心（站）、重要风电场之间具有两个及以上独立通信路由，应具有两种及以上通信方式的调度电话，满足"双设备、双路由、双电源"的要求，且至少保证有一路单机电话。场站必须至少具备一种光纤通信手段。

13.2.1.3　集控中心（站）、重要风电场的通信光缆或电缆应采用不同路由的电缆沟（竖井）进入通信机房和主控室；避免与一次动力电缆同沟（架）布放，并完善防火阻燃、阻火分隔、防小动物封堵等各项安全措施，绑扎醒目的识别标志；如不具备条件，采取电缆沟（竖井）内部分隔离等措施进行有效隔离。新建通信站应在设计时与全站电缆沟、架统一规划，满足以上要求。

13.2.1.4　同一条 220kV 及以上线路的两套继电保护和同一系统的有主／备关系的两套安全自动装置通道应由两套独立的通信传输设备分别提供，并分别由两套独立的通信电源供电，重要线路保护及安全自动装置通道应具备两条独立的路由，满足"双设备、双路由、双电源"的要求。

13.2.1.5　线路纵联保护使用复用接口设备传输允许命令信号时，不应带有附加延时展宽。

13.2.1.6　电力调度机构与风电场调度自动化实时业务信息的传输应具有两路不同路由的通信通道（主／备双通道）。

13.2.1.7　通信机房、通信设备（含电源设备）的防雷和过电压防护能力应满足电力系统通信站防雷和过电压防护相关标准、规定的要求。通信机房环境温度、湿度符合要求，机房空调工作正常；对机房空调、机房温、湿度具有控制措施。

13.2.1.8　场站配套通信项目，应随场站建设同步设计、同步实施、同步投运，以满足电网发展需要。

13.2.1.9　通信设备应在选型、安装、调试、入网试验等各个时期严格执行电力系统通信运行管理和工程验收等方面的标准、规定。

13.2.1.10　应从保证工程质量和通信设备安全稳定运行的要求出发，合理安排新建、改建和技改工程的工期，严格把好质量关，满足提前调试的条件，不得为赶工期减少调试项目，降低调试质量。

13.2.1.11　在基建或技改工程中，若建设改造工作改变原有通信系统的网络结构、设备配置、技术参数时，工程建设单位应委托设计单位对通信系统进行设计，深度应达到初步设计要求，并要按照基建和技改工程建设程序开展相关工作。通信系统选型应符合通信专业有关规程规定，并需相关通信管理部门同意后，才能实施。现场设备的接口和协议必须满足通信系统的要求。必要时应根据实际情况制定通信系统过渡方案。

13.2.1.12　用于传输继电保护和安控装置业务的通信通道投运前应进行测试验收，其传输时间、可靠性等技术指标应满足《光纤通道传输保护信息通用技术条件》（DL/T 364）等的要求。传输线路分相电流差动保护的通信通道应满足收、发路径和时延相同的要求。

13.2.1.13　安装调试人员应严格按照通信业务运行方式单的内容进行设备配置和接线。通信调度应在业务开通前与现场工作人员核对通信业务运行方式单的相关内容，确保业务图实相符。

13.2.1.14　严格按架空地线复合光缆（OPGW）及其他光缆施工工艺要求进行施工。架空地线复合光缆、全介质自承式光缆（ADSS）等光缆在进站门型架处的引入光缆必须悬挂醒目光缆标示牌，防止一次线路人员工作时踩踏接续盒，造成光缆损伤。光缆线路投运前应对所有光缆接续盒进行检查验收、拍照存档，同时，对光缆纤芯测试数据进行记录并存档。应防止引入缆封堵不严或接续盒安装不正确造成管内或盒内进水结冰导致光纤受力引起断纤故障的发生。

13.2.1.15　通信设备应采用独立的空气开关或直流熔断器供电，禁止多台设备共用一只分路开关或熔断器。各级开关或熔断器保护范围应逐级配合，避免出现分路开关或熔断器与总开关或熔断器同时跳开或熔断，导致故障范围扩大的情况发生。

13.2.1.16　通信站内主要设备的告警信号（声、光）及装置应真实可靠。通信机房动力环境和无人值班机房内主要设备的告警信号应接到有人值班的地方或接入通信综合监测系统。

13.2.2　生产运营阶段

13.2.2.1　场站应监视及控制所辖范围内通信网的运行情况，及时发现通信网故障信息，指挥、协调通信网故障处理。

13.2.2.2　通信检修工作应严格遵守电力通信检修管理规定相关要求，对通信检修工作的业务影响范围、采取的措施等内容应严格进行审查核对，对影响一次电网生产业务的检修工作应按一次电网检修管理办法办理相关手续。严格按通信检修提出的内容开展工作，严禁超范围、超时间检修。

13.2.2.3　场站应与一次线路建设、运行维护部门建立工作联系制度。因一次线路施工或检修对通信光缆造成影响时，应提前上报年度、月度检修计划。一次线路建设、运行维护部门应提前5个工作日通知通信运行部门，并按照电力通信检修管理规定办理相关手续，如影响上级通信电路，必须报上级通信调度审批后，方可批准办理开工手续。防止人为原因造成通信光缆非计划中断。

13.2.2.4 场站应结合线路巡检每半年对架空地线复合光缆（OPGW）进行专项检查，并将检查结果报通信运行部门。场站应每半年对全介质自承式光缆（ADSS）和普通光缆进行专项检查，重点检查站内及线路光缆的外观、接续盒固定线夹、接续盒密封垫等，并对光缆备用纤芯的衰耗进行测试对比。

13.2.2.5 每年雷雨季节前应对接地系统进行检查和维护。检查连接处是否紧固、接触是否良好、接地引下线有无锈蚀、接地体附近地面有无异常，必要时应开挖地面抽查地下隐蔽部分锈蚀情况。独立综合大楼接地网的接地电阻应每年进行一次测量，变电站通信接地网应列入变电站接地网测量内容和周期。

13.2.2.6 制定通信网管系统运行管理规定，服从上级网管指挥，未经许可，各网元不得进行无关的配置、修改。落实数据备份、病毒防范和安全防护工作。

13.2.2.7 每季度对通信设备的滤网、防尘罩进行清洗，做好设备防尘、防虫工作。通信设备检修或故障处理中，应严格按照通信设备和仪表使用手册进行操作，避免误操作或对通信设备及人员造成损伤，特别是采用光时域反射仪测试光纤时，必须断开对端通信设备。

13.2.2.8 调度交换机数据发生改动前后，应及时做好数据备份工作。调度录音系统应每月进行检查，确保运行可靠、录音效果良好、录音数据准确无误，存储容量充足。

13.2.2.9 因通信设备故障以及施工改造和电路优化工作等原因需要对原有通信业务运行方式进行调整时，应在48h之内恢复原运行方式。超过48h，必须编制和下达新的通信业务运行方式单，通信调度必须与现场人员对通信业务运行方式单进行核实。确保通信运行资料与现场实际运行状况一致。

13.2.2.10 应落实通信专业在电网大面积停电及突发事件时的组织机构和技术保障措施；应制订和完善通信系统主干电路、电视电话会议系统、同步时钟系统和复用保护通道等应急预案。应制订和完善光缆线路、光传输设备、PCM设备、调度及行政交换机设备、网管设备以及通信专业管辖的通信专用电源系统的突发事件现场处置方案；通过定期开展反事故演习来检验应急预案的实际效果，并根据通信网发展和业务变化情况对应急预案及时进行补充和修改，保证通信应急预案的常态化，提高通信网预防、控制和处理突发事件的能力。

13.3 防止场站信息系统事故

13.3.1 基本建设阶段

13.3.1.1 信息系统的需求阶段应充分考虑到信息安全，进行风险分析，开展等级保护定级工作；设计阶段应明确系统自身安全功能设计以及安全防护部署设计，形成专项信息安全防护设计。

13.3.1.2 加强信息系统开发阶段的管理，建立完善内部安全测试机制，确保项目开发人员遵循信息安全管理和信息保密要求，并加强对项目开发环境的安全管控，确保开发环境与实际运行环境安全隔离。

13.3.1.3 信息系统上线前测试阶段，应严格进行安全功能测试、代码安全检测等内容；并按照合同约定及时进行软件著作权资料的移交。

13.3.1.4 信息系统投入运行前，应对访问策略和操作权限进行全面清理，复查账号权限，核实安全设备开放的端口和策略，确保信息系统投运后的信息安全；信息系统投入运行须同步纳入监控。

13.3.2 生产运营阶段

13.3.2.1 建立并完善信息系统安全管理机构，强化管理确保各项安全措施落实到位。

13.3.2.2 配备信息安全管理人员，并开展有效的管理、考核、审查与培训。

13.3.2.3 定期开展风险评估，并通过质量控制及应急措施消除或降低评估工作中可能存在的风险。

13.3.2.4 通过灾备系统的实施做好信息系统及数据的备份，以应对自然灾难可能会对信息系统造成毁灭性的破坏。网络节点具有备份恢复能力，并能够有效防范病毒和黑客的攻击所引起的网络拥塞、系统崩溃和数据丢失。

13.3.2.5 在技术上合理配置和设置物理环境、网络、主机系统、应用系统、数据等方面的设备及安全措施；在管理上不断完善规章制度，持续改善安全保障机制。

13.3.2.6 信息网络设备及其系统设备可靠，符合相关要求；总体安全策略、设备安全策略、网络安全策略、应用系统安全策略、部门安全策略等应正确，符合规定。

13.3.2.7 构建网络基础设备和软件系统安全可信，没有预留后门或逻辑炸弹。接入网络用户及网络上传输、处理、存储的数据可信，杜绝非授权访问或恶意篡改。

13.3.2.8 路由器、交换机、服务器、邮件系统、目录系统、数据库、域名系统、安全设备、密码设备、密钥参数、交换机端口、IP 地址、用户账号、服务端口等网络资源统一管理。

13.3.2.9 在信息系统运行维护、数据交互和调试期间，认真履行相关流程和审批制度，执行工作票和操作票制度，不得擅自进行在线调试和修改，相关维护操作在测试环境通过后再部署到正式环境。

13.3.2.10 加强网络与信息系统安全审计工作，安全审计系统要定期生成审计报表，审计记录应受到保护，并进行备份，避免删除、修改或破坏。

案例　软件设计有缺陷，处置不当机脱网

● 事故经过

某日 1 点 05 分至 8 点 03 分，某风电场 220kV 母线电压在 220~228kV 频繁波动，导致个别风电机组因机端电压过低脱网，当值值班员观察到此现象，但由于专业知识不足，并没有引起高度重视，未及时将此情况汇报值长，甚至认为风电机组停机原因是风电机组本身故障停机，擅自启动风电机组。AVC 调节不稳情况一直持续发生，最终导致该日 08 时 03 分，风电场风电机组一至六线线路所带 55 台风电机组退出运行。风电机组脱网时刻，未发生线路跳闸。风电机组脱网后值班员仍认为是风电机组本身故障，擅自启动风电机组。当值值长得知情况后，判断为 AVC 原因造成脱网，汇报时已启动 32 台风电机组。

● 事故原因

（1）风电场在事发前一天开展 AVC 系统改造，与主站联调完成，暂未接入主站系统，为站内本地闭环调节。AVC 系统软件关于风电机组目标功

率因数符号的判断有缺陷，发生风电机组指令反调，脱网时220kV母线电压在220.8~227kV范围内频繁波动，且站内SVG正在施工改造阶段，不能介入调节稳定电压，受风电机组功率因数符号判据缺陷影响，AVC调节部分风电机组升压指令误发成降压指令，造成风电机组出口电压低于风电机组保护定值，55台风电机组停机脱网。

（2）运行当值后夜值班员发现问题后，由于专业知识不足，不能认识到问题的严重性，未能及时汇报值长，甚至擅自启动个别脱网风电机组，最终因220kV母线电压波动时间较长，导致发生8点03分55台风电机组脱网事故。

● 预防措施

（1）纠正AVC系统软件关于风电机组目标功率因数符号的判断缺陷，并经过各种工况下的模拟测试后再投入现场运行，把软件设计缺陷控制在开发测试阶段；

（2）加强AVC试运期间的监控与巡检，分批次进行风电机组与AVC子站调试，确保及时发现设备运行中的问题。

（3）强化运行值班人员的技术培训，掌握电力系统的运行技术，善于发现和沉着应对电力系统的突发事件。

14 防止并联电容器装置事故

14.1 并联电容器装置用断路器

14.1.1 基本建设阶段

加强并联电容器装置用断路器（包括负荷开关等其他投切装置）的选型管理工作。所选用断路器型式试验项目必须包含投切电容器组试验。断路器必须为适合频繁操作且开断时重燃率极低的产品。如选用真空断路器，则应在出厂前进行高压大电流老炼处理，厂家应提供断路器整体老炼试验报告。

14.1.2 生产运营阶段

交接和大修后应对真空断路器的合闸弹跳和分闸反弹进行检测。12kV真空断路器合闸弹跳时间应小于2ms，40.5kV真空断路器小于3ms；分闸反弹幅值应小于断口间距的20%。一旦发现断路器弹跳、反弹过大，应及时调整。

14.2 高压并联电容器

14.2.1 基本建设阶段

14.2.1.1 加强高压并联电容器工作场强控制，在压紧系数为1（即K=1）条件下，全膜电容器绝缘介质的平均场强不得大于57kV/mm。

14.2.1.2 电容器组每相每一并联段并联总容量不大于3900kvar，单台电容器耐爆容量不低于15kJ。

14.2.1.3 同一型号产品必须提供耐久性试验报告。对每一批次产品，制造厂需提供能覆盖此批次产品的耐久性试验报告。有关耐久性试验的试验要求，按照《标称电压1kV以上交流电力系统用并联电容器第2部分：耐久性试验》（GB/T 11024.2）中有关规定进行。

14.2.1.4 加强电容器设备的交接验收工作，生产厂家应在出厂试验报告中提供每台电容器的脉冲电流法局部放电试验数据，放电量应不大于 50pC。

14.2.2　生产运营阶段

电容器例行试验要求定期进行电容器组单台电容器电容量的测量，应使用不拆连接线的测量方法，避免因拆装连接线条件下，导致套管受力而发生套管漏油的故障。对于内熔丝电容器，当电容量减少超过铭牌标注电容量的 3% 时，应退出运行，避免电容器带故障运行而发展成扩大性故障。对用外熔断器保护的电容器，一旦发现电容量增大超过一个串段击穿所引起的电容量增大，应立即退出运行，避免电容器带故障运行而发展成扩大性故障。

14.3　外熔断器

14.3.1　基本建设阶段

14.3.1.1　应加强外熔断器的选型管理工作，要求厂家必须提供合格、有效的型式试验报告。型式试验有效期为五年。户内型熔断器不得用于户外电容器组。

14.3.1.2　交接或更换后外熔断器的安装角度应符合产品安装说明书的要求。

14.3.2　生产运营阶段

14.3.2.1　及时更换已锈蚀、松弛的外熔断器，避免因外熔断器开断性能变差而复燃导致扩大事故。

14.3.2.2　安装 5 年以上的户外用外熔断器应及时更换。

14.4　串联电抗器

14.4.1　基本建设阶段

14.4.1.1　电抗器的电抗率应根据系统谐波测试情况计算配置，必须避免同谐波发生谐振或谐波过度放大。

14.4.1.2　室内宜选用铁芯电抗器。

14.4.1.3　新安装干式空芯电抗器时，不应采用叠装结构，避免电抗器单相事故发展为相间事故。

14.4.1.4　干式空芯电抗器应安装电容器组首端，在系统短路电流大的安装点应校核其动稳定性。

14.4.1.5　干式空芯电抗器出厂应进行匝间耐压试验，当设备交接时，具备条件时应进行匝间耐压试验。

14.4.2　生产运营阶段

运行中系统谐波电流应不超过标准要求。已配置抑制谐波用串联电抗器的电容器组，禁止减容量运行。

14.5　放电线圈

14.5.1　基本建设阶段

14.5.1.1　新安装放电线圈应采用全密封结构。

14.5.1.2　放电线圈首末端必须与电容器首末端相连接。

14.5.2　生产运营阶段

对已运行的非全密封放电线圈应加强绝缘监督，发现受潮现象应及时更换。

14.6　避雷器

14.6.1　基本建设阶段

14.6.1.1　电容器组过电压保护用金属氧化物避雷器接线方式应采用星形接线，中性点直接接地方式。

14.6.1.2　电容器组过电压保护用金属氧化物避雷器应安装在紧靠电容器组高压侧入口处位置。

14.6.1.3　选用电容器组用金属氧化物避雷器时，应充分考虑其通流容量的要求。

14.6.2 生产运营阶段

电容器组过电压保护用金属氧化物避雷器应按规定定期进行检查和试验。

14.7 电容器组保护部分

14.7.1 基本建设阶段

14.7.1.1 采用电容器成套装置及集合式电容器时，应要求厂家提供保护计算方法和保护整定值。

14.7.1.2 电容器组安装时应尽可能降低初始不平衡度，保护定值应根据电容器内部元件串并联情况进行计算确定。

14.7.2 生产运营阶段

运行中应特别关注电容器组不平衡电流值，当确认该值发生突变或越限告警时，应尽早安排电容器装置检修。

案 例 　差流保护拒动作，设备损坏本不该

● 事故经过

某风电场 35kV 并联电容器运行中发生单体电容爆裂，电容器的差流保护拒动，35kV 断路器零序保护延时动作跳闸。故障电容爆裂后，电容内的绝缘油溢出，污染同组电容的架构及绝缘子组件。

● 事故原因

（1）风电场并联电容器未纳入电气设备预防性试验管理，存在超期未试验运行情况，设备内部渗油等隐性缺陷未被发现，最终导致缺陷发展成故障。

（2）风电场在检修试验时只对电容器安装在 35kV 开关室的保护装置开展了周期性试验，未对保护装置的二次回路仔细检查，对于差流互感器接线松动的缺陷未能及时发现，造成电容器的主保护拒动，设备烧损。

● 预防措施

（1）按规程要求梳理场内电气设备的定期工作、定期试验项目及周期，严格按规程执行设备的交接试验和预防性试验，防止出现设备试验项目超期的现象；

（2）充分发挥技术监控的作用，对电气一次设备、电气二次设备的定期工作、试验项目及数据统一管理，通过数据分析及时发现设备的劣化趋势，及时处理。

（3）加强运行巡检和设备维护的专业巡检，及时发现设备渗油等初期缺陷，停电处理防止缺陷发展成严重故障。

（4）保护校验时执行规程要求的项目，防止漏项和不能及时发现二次回路上的严重缺陷。

15 防止电场全停及重要客户停电事故

15.1 防止电场全停事故

15.1.1 完善变电站一、二次设备

15.1.1.1 严格按照有关标准进行开关设备选型，加强对变电站断路器开断容量的校核，对短路容量增大后造成断路器开断容量不满足要求的断路器要及时进行改造，在改造以前应加强对设备的运行监视和试验。

15.1.1.2 为提高继电保护的可靠性，重要线路和设备按双重化原则配置相互独立的保护。传输两套独立的主保护通道相对应的电力通信设备也应为两套完整独立的、两种不同路由的通信系统，其告警信息应接入相关监控系统。

15.1.1.3 在确定各类保护装置电流互感器二次绕组分配时，应考虑消除保护死区。分配接入保护的互感器二次绕组时，还应特别注意避免运行中一套保护退出时可能出现的电流互感器内部故障死区问题。

15.1.1.4 继电保护及安全自动装置应选用抗干扰能力符合有关规程规定的产品，在保护装置内，直跳回路开入量应设置必要的延时防抖回路，防止由于开入量的短暂干扰造成保护装置误动出口。

15.1.2 防止污闪造成的电场全停

15.1.2.1 电场变电站外绝缘配置应以污区分布图为基础，综合考虑环境污染变化因素，并适当留有裕度，爬距配置应不低于 d 级污区要求。

15.1.2.2 对于伞形合理、爬距不低于三级污区要求的瓷绝缘子，可根据当地运行经验，采取绝缘子表面涂覆防污闪涂料的补充措施。其中防污闪涂料的综合性能应不低于线路复合绝缘子所用高温硫化硅橡胶的性能要求。

15.1.2.3 硅橡胶复合绝缘子（含复合套管、复合支柱绝缘子等）的硅橡胶材料综合性能应不低于线路复合绝缘子所用高温硫化硅橡胶的性能要求；树脂浸

溃的玻璃纤维芯棒或玻璃纤维简应参考线路复合绝缘子芯棒材料的水扩散试验进行检验。

15.1.2.4 对于易发生黏雪、覆冰的区域，支柱绝缘子及套管在采用大小相间的防污伞形结构基础上，每隔一段距离应采用一个超大直径伞裙（可采用硅橡胶增爬裙），以防止绝缘子上出现连续粘雪、覆冰。110kV、220kV绝缘子串宜分别安装3、6片超大直径伞裙。支柱绝缘子所用伞裙伸出长度8~10cm；套管等其他直径较粗的绝缘子所用伞裙伸出长度12~15cm。

15.1.3 加强直流系统配置及运行管理

15.1.3.1 在新建、扩建和技改工程中，应按《电力工程直流系统设计技术规程》（DL/T 5044）和《蓄电池施工及验收规范》（GB 50172）的要求进行交接验收工作。所有已运行的直流电源装置、蓄电池、充电装置、微机监控器和直流系统绝缘监测装置都应按《蓄电池直流电源装置运行与维护技术规程》（DL/T 724）和《电力用高频开关整流模块》（DL/T 781）的要求进行维护、管理。

15.1.3.2 电场变电站直流系统配置应充分考虑设备检修时的冗余，330kV及以上电压等级变电站及重要的220kV变电站应采用三台充电、浮充电装置，两组蓄电池组的供电方式。每组蓄电池和充电机应分别接于一段直流母线上，第三台充电装置（备用充电装置）可在两段母线之间切换，任一工作充电装置退出运行时，手动投入第三台充电装置。直流电源的供电质量应满足微机保护运行要求。

15.1.3.3 采用两组蓄电池供电的直流电源系统，每组蓄电池组的容量，应能满足同时带两段直流母线负荷的运行要求。

15.1.3.4 变电站直流系统的馈出网络应采用辐射状供电方式，严禁采用环状供电方式。

15.1.3.5 直流系统对负载供电，应按电压等级设置分电屏供电方式，不应采用直流小母线供电方式。

15.1.3.6 直流母线采用单母线供电时，应采用不同位置的直流开关，分别带控制用负荷和保护用负荷。

15.1.3.7 新建或改造的变电站选用充电、浮充电装置，应满足稳压精度≤±0.5% 稳流精度≤ ±1%、输出电压纹波系数不大于0.5%的技术要求。在用的充电、浮充电装置如不满足上述要求，应逐步更换。

15.1.3.8　新、扩建或改造的变电站直流系统用断路器应采用具有自动脱扣功能的直流断路器，严禁使用普通交流断路器。

15.1.3.9　蓄电池组保护用电器，应采用熔断器，不应采用断路器，以保证蓄电池组保护电器与负荷断路器的级差配合要求。

15.1.3.10　除蓄电池组出口总熔断器以外，逐步将现有运行的熔断器更换为直流专用断路器。当负荷直流断路器与蓄电池组出口总熔断器配合时，应考虑动作特性的不同，对级差做适当调整。

15.1.3.11　加强直流断路器上、下级之间的级差配合的运行维护管理。新建或改造变电站的直流电源系统，应进行直流断路器的级差配合试验。

15.1.3.12　直流系统的电缆应采用阻燃电缆，两组蓄电池的电缆应分别铺设在各自独立的通道内，尽量避免与交流电缆并排铺设，在穿越电缆竖井时，两组蓄电池电缆应加穿金属套管。

15.1.3.13　及时消除直流系统接地缺陷，同一直流母线段，当出现同时两点接地时，应立即采取措施消除，避免由于直流同一母线两点接地，造成继电保护或断路器误动故障。当出现直流系统一点接地时，应及时消除。

15.1.3.14　两组蓄电池组的直流系统，应满足在运行中两段母线切换时不中断供电的要求，切换过程中允许两组蓄电池短时并联运行，禁止在两个系统都存在接地故障情况下进行切换。

15.1.3.15　充电、浮充电装置在检修结束恢复运行时，应先合交流侧开关，再带直流负荷。

15.1.3.16　新安装的阀控密封蓄电池组，应进行全核对性放电试验。以后每隔2年进行一次核对性放电试验。运行了4年以后的蓄电池组，每年做一次核对性放电试验。

15.1.3.17　浮充电运行的蓄电池组，除制造厂有特殊规定外，应采用恒压方式进行浮充电。浮充电时，严格控制单体电池的浮充电压上、下限，每个月至少一次对蓄电池组所有的单体浮充端电压进行测量记录，防止蓄电池因充电电压过高或过低而损坏。

15.1.3.18　严防交流窜入直流故障出现。现场端子箱不应交、直流混装，现场机构箱内应避免交、直流接线出现在同一段或串端子排上。雨季前，加强现场端子箱、机构箱封堵措施的巡视，及时消除封堵不严和封堵设施脱落缺陷。

15.1.3.19　加强直流电源系统绝缘监测装置的运行维护和管理。新投入或改造后的直流电源系统绝缘监测装置，不应采用交流注入法测量直流电源系统绝缘状态。在用的采用交流注入法原理或不具备交流窜直流故障测记和报警功能的直流电源系统绝缘监测装置，应逐步更换为直流原理的直流电源系统绝缘监测装置，并具有交流窜直流故障测记和报警功能。直流电源系统绝缘监测装置，应具备检监测蓄电池组和单体蓄电池绝缘状态的功能。

15.1.4　强化变电站运行、检修管理

15.1.4.1　运行人员必须严格执行运行有关规程、规定。操作前要认真核对接线方式，检查设备状况。严格执行"两票三制"制度，操作中禁止跳项、倒项、添项和漏项。

15.1.4.2　加强防误闭锁装置的运行和维护管理，确保防误闭锁装置正常运行。闭锁装置的解锁钥匙必须按照有关规定严格管理。

15.1.4.3　对于双母线接线方式的变电站，在一条母线停电检修及恢复送电过程中，必须做好各项安全措施。对检修或事故跳闸停电的母线进行试送电时，具备空余线路且线路后备保护齐备时应首先考虑用外来电源送电。

15.1.4.4　隔离开关和硬母线支柱绝缘子，应选用高强度支柱绝缘子，定期对变电站支柱绝缘子，特别是母线支柱绝缘子、隔离开关支柱绝缘子进行检查，防止绝缘子断裂引起母线事故。

15.1.4.5　对变电站的隔离开关触头、高压配电盘母线、变压器套管引线及各导线接头应定期进行红外成像测试，发现设备隐患及时处理。

15.2　防止重要用户停电事故

15.2.1　完善重要用户入网管理

15.2.1.1　应制定重要用户入网管理制度，制度应包括对重要用户在规划设计、接线方式、电源配置、短路容量、电流开断能力、设备运行环境条件、安全性等各方面的要求。

15.2.1.2　对属于非线性、不对称负荷性质的重要用户应进行电能质量测试评估，根据评估结果，重要用户应制订相应电能质量治理方案并提交供电企业评审，保证其负荷产生的谐波成分及负序分量不对电网造成污染，不对供电企业及其自身供用电设备造成影响。

15.2.1.3　供电企业在与重要用户签订供用电协议时，应按照国家法律法规、政策及电力行业标准，明确重要用户供电电源、自备应急电源及非电保安措施配置要求，明确供电电源及用电负荷电能质量标准，明确双方在电气设备安全运行管理中的权利义务及发生用电事故时的法律责任，明确重要用户应按照电力行业技术监督标准，开展技术监督工作。重要用户应制订停电事故应急预案。

15.2.2　加强输变电设备运行维护

15.2.2.1　应根据国家相关标准、电力行业标准，针对重要用户供电的输变电设备制定相应的运行规范、检修规范、反事故措施。

15.2.2.2　根据对重要用户供电的输变电设备实际运行情况，缩短设备巡视周期、设备检修周期。

15.2.3　加强对重要用户自备应急电源检查

15.2.3.1　重要客户根据重要级别应具备多路的供电条件，并符合供电电源点的配置要求。重要用户自备应急电源应在供电企业登记备案，供电企业应对重要电力用户配置的自备应急电源进行定期检查。

15.2.3.2　重要用户自备应急电源配置容量标准应达到保安负荷的 120%。

15.2.3.3　重要用户自备应急电源启动时间应满足安全要求。

15.2.3.4　重要用户自备应急电源与电网电源之间应装设可靠的电气或机械闭锁装置，防止倒送电。重要用户不应自行拆除自备应急电源的闭锁装置或者使其失效。

15.2.3.5　重要用户自备应急电源设备要符合国家有关安全、消防、节能、环保等技术规范和标准要求。

15.2.3.6　重要用户新装自备应急电源投入切换装置技术方案要符合国家有关标准和所接入电力系统安全要求。

15.2.3.7　重要电力用户应按照国家和电力行业有关规程、规范和标准的要求，对自备应急电源定期进行安全检查、预防性试验、启机试验和切换装置的切换试验。

15.2.3.8 重要用户不应自行变更自备应急电源接线方式。

15.2.3.9 重要用户的自备应急电源发生故障后应尽快修复。

15.2.3.10 重要用户不应擅自将自备应急电源转供其他用户。

15.2.4 重要用户安全隐患整改

15.2.4.1 应建立重要电力客户供电侧安全隐患排查机制，定期（至少半年一次）对重要电力客户供电情况进行排查，对发现的供电侧责任安全隐患进行整改。

15.2.4.2 应督促重要客户编制反事故预案，定期开展反事故演习，每年组织开展电网和重要用户端的联合演习。

15.2.4.3 对属于客户责任的安全隐患，检查人员应以书面形式告知客户，积极督促客户整改，同时向政府主管部门沟通汇报，争取政府支持，做到"通知、报告、服务、督导"四到位，实现客户责任隐患治理"服务、通知、报告、督导"到位率100%，建立政府主导、用户落实整改、供电企业提供技术服务的长效工作机制。

16 防止风力发电机组倒塔事故

16.1 风力发电机组基础

16.1.1 基本建设阶段

16.1.1.1 风力发电机组地基基础设计前，应进行工程地质勘察，勘察内容和方法应符合《陆上和海上风电场工程地质勘察规范（试行）》（NB/T 31030）的规定。地基基础应满足承载力、变形和稳定性的要求。

16.1.1.2 抗震设防烈度为 9 度及以上，或参考风速超过 50m/s（相当于 50 年一遇极端风速超过 70m/s）的风电场，其地基基础设计应进行专门研究。

16.1.1.3 受洪（潮）水或台风影响的地基基础应满足防洪等要求，洪（潮）水设计标准应符合《风电场工程等级划分及设计安全标准（试行）》（FD 002—2007）的规定。对可能受洪（潮）水影响的地基基础，在基础周围一定范围内应采取可靠永久防冲、防淘保护措施。

16.1.1.4 在季节性冻土地区，当风力发电机组地基土具有冻胀性时，扩展基础埋深应大于土体的标准冻深。

16.1.1.5 风力发电机组的地基处理、基础设计、混凝土原料、钢筋规格型号、钢筋网结构等设计应符合 FD 002—2007 规定。在施工过程中严格控制地基处理、混凝土施工工艺。

16.1.1.6 混凝土强度等级，应以按照标准方法制作养护的边长为 150mm 的立方体试件、在 28d 龄期用标准试验方法测得、具有 95% 保证率的抗压强度标准值进行确定。

16.1.1.7 对于直埋螺栓型风力发电机组基础，地锚笼施工时，所有预埋螺栓紧固力矩应 100% 检验，且所有预埋螺栓必须进行防腐处理。

16.1.1.8 风力发电机组基础施工时，应严格控制基础环法兰水平度在风力发电机组厂家的允许范围内。风力发电机组基础环与混凝土结合处应采取防水措施，并严格控制施工工艺。

16.1.1.9　风力发电机组吊装前，应保证风力发电机组基础强度达到设计要求。

16.1.1.10　每台风力发电机组应至少设置 4 个沉降观测点和一个基准点，每个观测点均需观测和记录。基础浇筑完成后第一周每天观测一次，第一周后风力发电机组吊装前每月观测一次，风力发电机组吊装前后各观测一次。观测记录应及时移交业主单位归档。

16.1.2　生产运营阶段

16.1.2.1　风力发电机组吊装后至 12 个月内，每 3 个月进行一次基础沉降观测；第二年每 6 个月进行一次沉降观测，以后每年监测一次。每次沉降监测应做好观测记录，包括各观测点高程、观测时间、风速、风向数据。当风力发电机组沉降速率连续两次小于 0.02mm/d 时（指某台风力发电机组所有测点的平均值）且沉降差控制倾斜率小于 0.3% 时，基础沉降已稳定可终止观测，但总观测时间不应少于 3 年。当发现沉降观测结果异常或出现特殊情况（如地震、台风、长期降雨、回填土沉降或出现裂纹、基础附近地面荷载变化较大）时，应增加沉降观测次数。

16.1.2.2　黄土高原、云贵高原、海上、采矿区域及其他容易发生风力发电机组基础沉降的特殊地质，以及可能发生台风、地震、泥石流等自然灾害地区的风力发电机组宜装设基础沉降或倾斜在线监测装置。

16.1.2.3　风力发电机组基础回填应严格按照设计施工，基础周围出现回填土沉降、裂纹情况后应及时补填、夯实。

16.1.2.4　应加强风力发电机组基础混凝土检查和保护，混凝土表面禁止倾倒油液、燃烧可燃物等破坏混凝土强度的作业。

16.1.2.5　应定期检查风力发电机组基础环与混凝土结合处防水措施完好情况，发现破损应及时修复。

16.1.2.6　风力发电机组技术改造增加了基础载荷时，应重新进行基础载荷校核，必要时应采取加固方案。

16.1.2.7　每次地震、台风等严重自然灾害后，应开展风力发电机组周围边坡、基础等安全检查，发现隐患须立即进行处理。

16.2 塔架

16.2.1 基本建设阶段

16.2.1.1 风力发电机组塔架应具有足够的强度，承受作用在风轮、机舱和塔架上的静载荷和动载荷，满足风力发电机组 20 年设计寿命要求。

16.2.1.2 塔架主体（包括筒体、法兰、门框）所用钢材应考虑塔架的强度、使用环境温度、材料的焊接工艺以及经济性，可根据《碳素结构钢》（GB/T 700）和《低合金高强度结构钢》（GB/T 1591）选择使用。非塔架主体用钢与塔架主体焊接时，应与塔架主体材料相容。

16.2.1.3 塔架拼焊法兰毛坯不宜超过 6 片拼接，且螺栓孔不能在焊缝上。环锻法兰按照相关国家标准执行，法兰使用的钢材质量等级应等于或高于塔架筒体使用钢材的质量等级。

16.2.1.4 塔架制造应严格执行《风电机组塔形筒制造技术条件》（NB/T 31001）的有关规定，禁止塔架生产单位将塔架分包加工。塔架应由具备资质的单位进行监造和监检，监造报告应和生产厂家出厂资料一同作为原始资料移交业主单位存档。

16.2.1.5 塔架出厂前应进行 100% 检测，检测项目包括钢材尺寸、钢材材质、法兰平面度和法兰焊后变形情况、焊缝内外部质量及涂装层质量，检测合格方可出厂。

16.2.1.6 塔架运输应固定牢固，做好防塔架漆膜磨损的措施，塔架两侧法兰应做"米"字型支撑。

16.2.1.7 塔架进场存放时，法兰两端应安装专用支脚；塔架两端用防雨布封堵，防止污物等进入筒体。

16.2.1.8 风力发电机组安装作业应由有资质单位进行，特种作业人员必须持证上岗。吊装过程中应防止塔架漆膜破损，如有损坏应及时修补。每节塔架安装时，在法兰结合面应涂密封胶。

16.2.1.9 塔架、机舱、叶轮、叶片等部件吊装风速不得高于该机型安装技术规定。未明确吊装风速的，风速超过 8m/s 时，不宜进行叶片和叶轮吊装；风速超过 10m/s 时，不宜进行塔架、机舱、轮毂、发电机等设备吊装工作。

16.2.1.10　风力发电机组基础环和各段塔架法兰水平度不合格的或塔架法兰螺栓孔不对应的禁止吊装。

16.2.1.11　风力发电机组顶段塔架安装完成后，应立即进行机舱安装。如遇特殊情况，不能完成机舱安装，人员离开时必须将塔架门关闭，并采取防止塔架摆动措施。

16.2.2　生产运营阶段

16.2.2.1　塔架表面应无油污、锈蚀情况，塔架上的作业应防止破坏塔架内部漆膜，发现塔架漆膜破损应及时修复。

16.2.2.2　定期进行塔架内焊缝目测检查，发现塔架表面有扩散性漆膜脱落或焊缝周围有漆膜脱落时，应进行超声波检测。发现塔架螺栓断裂或塔架本体出现裂纹时，应立即停止风力发电机组运行并进行检查处理，同时采取加固措施。

16.2.2.3　塔架每年应进行一次垂直度观测，在风力发电机组停止运行、风速小于 3m/s 情况下，垂直度不应超过千分之三。

16.2.2.4　在塔架上的焊接作业应防止破坏塔架的强度，塔架焊缝上严禁进行焊接作业。

16.2.2.5　塔架法兰间出现缝隙时，应立即停止风力发电机组运行并进行处理。处理完成后测量法兰水平度、同心度满足要求后，风力发电机组方可运行。

16.2.2.6　塔架受外力变形或过火后应重新由设计单位进行载荷计算及评估，塔架满足疲劳载荷和极限载荷时方可投入使用。

16.3　高强螺栓

16.3.1　基本建设阶段

16.3.1.1　高强螺栓连接副应按批配套进场，并附有产品质量检验报告书。高强度螺栓连接副应在同批内配套使用，使用前应分批次进行抽样送有资质单位检测合格。

16.3.1.2　在安装过程中，不得使用螺纹损伤及沾染脏物的高强度螺栓连接副，不得用高强度螺栓兼作临时螺栓。

16.3.1.3　塔架安装前应取下直埋螺栓型基础的地脚螺栓浇注保护帽，并将螺栓根部清理干净。

16.3.1.4　高强螺栓紧固前，螺栓螺纹表面应做好润滑，并按规定力矩和紧固工艺进行安装。紧固后的螺母和螺栓表面应完好无损，螺栓头部应露出 2~3 个螺距，带有正反方向的螺栓弹簧垫和垫片安装方向应正确，每一颗高强螺栓都应做好安装标记，塔架法兰结合面应密封。

16.3.1.5　安装高强度螺栓时，严禁强行穿入。不能自由穿入时，该孔可用铰刀进行修整，修整厚度不应大于 1mm，且修孔数量不得超过该节点螺栓数量10%；修孔前应将两侧螺栓全部拧紧。

16.3.1.6　紧固螺栓所用的力矩扳手等工具仪器，应由有资质单位定期检验合格。力矩扳手使用前必须进行校正，其力矩相对误差应为 ±5%，合格后方可使用。校正用的力矩扳手，其扭矩相对误差应为 ±3%。

16.3.1.7　基础环采用外法兰的风力发电机组，在螺栓上部应设置防雨、防腐的保护帽。

16.3.2　生产运营阶段

16.3.2.1　应根据风力发电机组生产厂家要求，使用检验合格的力矩扳手，定期进行风力发电机组高强螺栓外观和力矩检查；螺栓和螺母的螺纹不应有损伤、锈蚀，螺栓力矩应符合技术要求。

16.3.2.2　高强螺栓力矩检查发现有螺栓松动时，应认真分析原因并及时处理，做好标记；同时对风力发电机组内的全部螺栓进行力矩检查。

16.3.2.3　风力发电机组更换的高强螺栓应有检验合格证，螺栓强度等级应不低于原螺栓强度，安装后应做好区别标记。

16.3.2.4　应定期进行风力发电机组塔架高强螺栓的金属监督检查，发现问题应及时组织分析和处理。

16.3.2.5　发生高强螺栓断裂时，应对该螺栓进行金相分析，查清断裂原因。根据螺栓断裂原因对该同类部位或同批次螺栓进行抽检，螺栓抽检比例应不少于 10%。

16.3.2.6　风力发电机组经历设计极限风速80%工况或遭受其他非正常受力工况后，应抽查 5% 的风力发电机组塔架螺栓力矩。

16.4　叶轮

16.4.1　基本建设阶段

16.4.1.1　叶片刚度应保证在设计工况下叶片变形后，叶尖与塔架的安全距离不小于未变形时叶尖与塔架间距离的 40%。

16.4.1.2　叶片的固有频率应与风轮的激振频率错开，避免发生共振。

16.4.1.3　叶轮叶片的长度与设计长度公差应不大于 1.0‰，质量互差应不大于 ±3.0‰，扭角公差应不大于 ±0.3°。

16.4.1.4　叶片出厂检验报告应齐全并及时存档。检验报告至少包括叶片长度、叶根接口尺寸、叶片质量、重心位置和外观质量目视检查、无损检测、定桨距叶片功能性测试结果。

16.4.1.5　叶片安装应严格执行风力发电机组生产厂家工艺要求，做到叶片零点位置正确、叶片力矩紧固均匀、叶片表面无损伤。

16.4.2　生产运营阶段

16.4.2.1　风力发电机组启动前叶轮表面应无结冰、积雪、油污，叶片出现严重覆冰时禁止运行。

16.4.2.2　叶片运转中出现异音时应停机检查，叶片表面出现裂纹或雷击痕迹应及时修复。

16.4.2.3　出现叶片角度不一致、桨叶轴承损坏等原因造成叶片与叶轮转速同频的振动时，应立即停机处理。

16.4.2.4　变更叶轮长度等增加载荷的技改工作，施工前应对变桨电机功率、轮毂的强度、风机载荷进行校验。

16.4.2.5　风力发电机组长期退出运行时，定桨距风力发电机组应释放所有叶尖阻尼板，机舱尽可能处于侧对风（90°）状态，有条件的应使设备处于自动侧对风状态；变桨距风力发电机组应使所有叶片处于顺桨状态。

16.5 机械保护

16.5.1 基本建设阶段

16.5.1.1 安全保护系统的设计应以失效—安全为原则。当安全保护系统内部发生任何部件单一失效或动力源故障时，安全保护系统应仍能对风力发电机组实施保护。

16.5.1.2 安全保护系统应能优先触发制动系统及发电机的断网设备。一旦偏离正常运行值，安全保护系统即被触发并执行其任务，使风力发电机组保持在安全状态。

16.5.1.3 风力发电机组至少配备两套相互独立的制动系统，能够可靠的使风轮减速或停车，在任何情况下应避免风力发电机组加速或作电动机运行。

16.5.1.4 安全保护系统的软件设计中应采取措施防止用户误操作引起风力发电机组误动作。在风力发电机组的任何状态下，非法的键盘及按键输入应不被承认。未经许可的远程登录机组控制系统应被禁止，任何远程登录信息和操作记录均应有记录。

16.5.1.5 风力发电机组调试阶段应进行超速、过度振动、电网失电、扭缆极限、控制系统失效、急停开关触发等安全链触发时的紧急停机测试。

16.5.1.6 新投运风力发电机组应设置一个振动开关和一个振动传感器，振动开关用于触发安全链；振动传感器用于实时测量机组振动数据。

16.5.2 生产运营阶段

16.5.2.1 风力发电机组调试必须完整有效的检测风力发电机组上的全部保护功能，对于超速、振动保护应从检测元件、逻辑元件、执行元件进行整体功能测试，禁止只通过信号的测试代替整组试验。

16.5.2.2 风力发电机组投入运行时，严禁将控制回路信号短接和屏蔽，禁止将回路接地线拆除；未经授权，严禁修改设备参数及保护定值。

16.5.2.3 风力发电机组定检项目中应包括对振动、超速、扭缆、急停按钮等安全链条件的检验。

16.5.2.4 更换安全链回路的传感器、继电器时应进行检验，确保更换后的安全回路功能正常。

16.5.2.5　对于采用重锤单摆或弹簧支撑重锤形式的振动开关，每年应对触发角度进行测量，全风场各风力发电机组间的振动开关触发值不应超过平均值的10%。

16.5.2.6　对于台风正面登陆的风电场，风速超过切出风速的风力发电机组停运后，应将叶轮处于顺桨状态、偏航处于释放状态。

案　例　施工管理不到位，结构失效杆塔倒

● 事情经过

某年 5 月 23 日 15 时 33 分，某风电场主控室事故声响发出报警信号，监控系统显示 35kV Ⅱ G 段出线过流Ⅰ段动作，35kV Ⅱ G 段出线断路器跳闸；35kV Ⅱ H 段出线过流Ⅰ段动作，35kV Ⅱ H 段出线断路器跳闸。负荷瞬间由 8400kW 甩至 670kW。运行人员立即到配电室检查确认两条出线断路器跳闸，当时风电场风力发电机组监控系统显示平均风速为 4.3m/s。经过维护人员现场检查发现 35kV Ⅱ G、Ⅱ H 段双回线路 17 号、18 号、19 号铁塔发生倒塔。

● 事故原因

（1）从现场砸开倒塌三基铁塔地脚保护帽检查看，共缺少螺母 18 个、垫片 27 个，松动没有拧到位的 13 处，底板与基础有间隙 16 处。从所有铁塔检查最终统计结果情况分析看，被检 80 基铁塔合格率仅为 5%。说明电建公司施工质量差、在隐蔽工程施工中偷工减料、施工管理责任落实不到位，是本次倒塔事故的直接原因。

（2）从现场砸开倒塌三基铁塔地脚保护帽检查看，部分螺栓有撸扣的痕迹，但螺栓螺纹清晰可见，螺母、螺栓的螺纹损伤不严重，螺母和螺栓公差配合不合格（间隙过大），说明电建公司施工过程中使用的部分螺栓质量不合格，是本次倒塔事故的主要原因。

（3）工程项目部发现线路铁塔施工存在问题后，已召开会议要求施工单

位整改，监理公司进行监督，但整改情况项目部未跟踪检查，监理公司也未跟踪监督，未做到闭环管理，是本次倒塔事故的主要原因。

（4）铁塔地脚保护帽浇注前，监理公司和项目部技术人员没有进行工程中间验收或验收不仔细，使工程验收流于形式；铁塔地脚保护帽浇注时监理公司和项目部技术人员没有到现场进行检查监督指导，致使地脚螺栓带隐患和缺陷就打上保护帽，使缺陷隐藏下来。说明施工过程工程项目部、监理公司责任落实不到位，管理上存在很大的漏洞，没有按照标准履行验收程序，是本次倒塔事故的主要原因。

（5）工程竣工后移交生产未按照规定履行验收交接程序，导致线路管理上存在漏洞，存在管理不到位现象，是本次倒塔事故的次要原因。

● 预防措施

（1）工程项目部加强对施工单位和监理公司的管理，项目部落实管理责任制，在工程建设过程检查、监督、指导、验收环节执行有关规定。

（2）工程竣工移交生产严格按照规定履行验收交接程序。

（3）电建公司作为施工单位又作为维护单位，加强日常设备维护管理，及时提出治理加固的工作计划。

17 防止风力发电机组主要部件损坏事故

17.1 防止发电机损坏事故

17.1.1 基本建设阶段

17.1.1.1 发电机应使用绝缘轴承或端盖进行绝缘处理，发电机转子至少有一点利用滑环接地。

17.1.1.2 发电机转子回路应配备防止过电压保护的装置，在发电机转子过电压时能迅速发出告警信号并跳闸。

17.1.1.3 发电机定子绕组、轴承及电刷等部位，应装设用于监测发电机工作状态的传感器。

17.1.1.4 发电机内部应设置自动冷却装置和电加热装置。电加热装置应使发电机被加热到机壳内的温度比发电机所处周围温度约高5℃，但不致使加热装置附件的绝缘超过规定的温升限值。

17.1.1.5 发电机集电环室应配置碳粉自动排除装置和集电环预加热装置。

17.1.1.6 发电机轴承的润滑应设置自动和手动注油两种型式结构。

17.1.1.7 水冷双馈异步发电机空—水冷却器必须经过2倍工作水压的水压试验，并需装设泄漏挡板。

17.1.1.8 发电机应设置除尘装置，除尘装置应选用通气性好、滤灰效率高及洗涤方便的材料。

17.1.1.9 发电机的定、转子绕组出线端及其接线盒内的接线端子均应有相应的标志，并应保证其字迹在发电机整个使用期内不易磨灭。

17.1.1.10 发电机生产制造过程中应委托有资质单位进行监造、监检，出厂时应逐台进行出厂检验并提供产品用户手册，业主单位应及时向风力发电机组生产制造单位索取并存档。

17.1.1.11 发电机出厂时的温升限值，按所采用绝缘材料在额定工况下对照《旋转电机 定额和性能》（GB 755）的规定降低一个温升等级进行考核，即H级绝缘按 F 级绝缘所对应的温升等级考核，依次类推。

17.1.1.12　发电机处于热态，应能承受不大于 2min、不大于 1.2 倍的最大工作转速，发电机各部件不应因此发生永久性变形和产生妨碍发电机正常运行的其他缺陷。

17.1.1.13　发电机在空载电动机状态下运行时，轴电压应不大于 0.5V。

17.1.1.14　发电机在保持额定电压不变的情况下，应能承受 1.15 倍额定负载运行 1h，发电机应不发生损坏及有害变形。

17.1.1.15　发电机在热态下，定子绕组对机座的绝缘电阻值及绕组间的热态绝缘电阻值应不低于（定子开路电压 $U_N/1000$）MΩ，转子绕组对机座的绝缘电阻值及绕组间的热态绝缘电阻值应不低于（转子静止时的开路电压 $U_{02}/1000$）MΩ，冷态绝缘电阻应符合产品技术条件规定。

17.1.1.16　永磁发电机的永磁体材料应有可靠的防腐蚀保护，在发电机突然短路状态和温度限值下应不发生大于 1% 的不可逆失磁。

17.1.1.17　发电机与齿轮箱高速轴连接应使用弹性绝缘联轴器，联轴器的保护罩应满足发电机与齿轮箱之间的绝缘性能要求。

17.1.1.18　发电机安装时，应严格按设计要求进行发电机的对中工作，对中后机组地脚螺栓力矩应符合要求。

17.1.1.19　发电机并网运行前，应按照风力发电机组生产厂家的技术要求进行检查和调试，发电机相序未核对、绝缘电阻和对中不合格时禁止并网调试。

17.1.2　生产运营阶段

17.1.2.1　风电场运行维护人员应加强发电机运行参数监视，发电机轴承温度、绕组温度、电压、电流等参数出现异常，应立即停止风力发电机组运行，查清原因并进行处理。

17.1.2.2　当风力发电机组并网三相电压平衡时，发电机三相电流中任何一相与三相平均值的偏差不应大于三相平均值的 10%。

17.1.2.3　发电机不允许在运行中反接电源制动或逆转。

17.1.2.4　停用超过一周的风力发电机组，在启动前应测量发电机定、转子绝缘电阻值，绝缘电阻不合格的应采取加热烘干措施；低速永磁发电机投运前的绝缘电阻测量应满足《风力发电机组　低速永磁同步发电机　第 1 部分：技术条件》（GB/T 25389.1）要求。

17.1.2.5　定期就地检查发电机的温度、振动、声音是否正常，集电环室积粉应及时清理；电刷磨损超标应及时更换，选用电刷的设计使用寿命应大于 12 个月，更换前电刷应预研磨，电刷架预紧力应满足设计要求。

17.1.2.6　发电机轴承应根据风力发电机组要求进行润滑，禁止使用不同牌号的润滑脂。定期检查轴承自动润滑装置和手动润滑装置，废油排出通道应畅通、废油置换应彻底。

17.1.2.7　发电机冷却装置应定期检查维护，水冷发电机冷却水系统泄漏时应立即处理，修后绝缘电阻应测试合格；风冷发电机的空气滤网污堵应及时清扫。

17.1.2.8　每年至少进行一次发电机的对中测试和调整。发电机重新对中后，应进行发电机振动检测，发电机地脚弹性支撑损坏时禁止投入运行。

17.1.2.9　发电机弹性联轴器年度定检时或新弹性联轴器安装前，应测试绝缘电阻，不合格的禁止使用。

17.1.2.10　发电机绕组、编码器拆线时应做好位置标记，禁止将接线相序、编码器位置不清楚的发电机投入运行。

17.1.2.11　发电机绝缘轴承或绝缘端盖更换前应检测绝缘电阻，不合格的禁止使用。更换轴承时，禁止使用喷灯等直接火焰加热，加热温度应在允许范围内，避免轴承过热绝缘损坏、轴颈变形。

17.1.2.12　新更换或返修的发电机应随机提供产品使用说明书或出厂检测报告，禁止使用与风力发电机组要求参数不一致的发电机。安装前应复测绝缘电阻、直流电阻等性能指标，并辨别绕组首尾端及相序是否正确。

17.1.2.13　永磁发电机的永磁体材料应定期检查表面电镀层，发现损伤应立即处理。

17.1.2.14　风力发电机组运行过程中，严禁擅自退出发电机的自动保护装置或改变保护定值，自动保护装置应定期检查和校验。

17.2　防止齿轮箱损坏事故

17.2.1　基本建设阶段

17.2.1.1　齿轮箱体的毛坯应根据结构形式选用球磨铸铁或铸钢件，在寒冷地区使用的箱体应具有耐低温性能；箱体上使用橡胶衬套或衬垫减振时，应明确规定弹性元件安装的技术要求。

17.2.1.2 齿轮箱的重要零部件，如齿轮、轴、键、轴承、箱体以及紧固件，应能承受风力发电机组的极限负荷而不产生永久变形，并能满足预定寿命要求。

17.2.1.3 齿轮箱紧固螺栓强度等级应高于《紧固件机械性能 螺栓、螺钉和螺柱》（GB/T 3098.1）中 8.8 级水平，并按规定的预紧力拧紧。

17.2.1.4 齿轮箱应采用飞溅润滑或强制润滑方式。采用飞溅润滑是，油池油位高度至少浸满低位齿轮的两倍全齿高。采用强制润滑时应配置必要的电动或机动泵站、配油器、滤油器等装置。齿轮油选择应符合要求。

17.2.1.5 齿轮箱应设置高效冷却器，并视工作环境需要设置油加热器。在油池和重要轴承的外圈处应设置温度传感器。

17.2.1.6 齿轮箱应设有观察口、内窥镜检查孔、油标和油位报警装置、油压表和油压报警装置、滤清器、透气塞及起重用吊点。

17.2.1.7 齿轮箱应有良好的密封性能，不应有渗、漏现象，并能避免水分、灰尘及其他杂质进入箱体内部。

17.2.1.8 齿轮箱生产制造过程中应委托有资质单位进行监造、监检，出厂时应逐台进行出厂检验并提供产品使用说明书，业主单位应及时向风力发电机组生产制造单位索取并存档。

17.2.1.9 齿轮箱运输时应可靠固定，并有采取防止旋转轴转动的措施。齿轮箱全部外露的机械加工表面应涂防锈剂，内部应涂能用溶剂清除的防锈剂。

17.2.1.10 齿轮箱在风力发电机组上安装时，轴系应进行精确对中；在新投入运行后 3 个月内，应进行一次对中复核。齿轮箱箱体扭力臂装配间隙应符合要求，保证齿轮箱箱体不会产生扭转变形，与之相连的联轴节不会产生共振。

17.2.1.11 齿轮箱应按照风力发电机组生产厂家的技术要求进行检查和调试，投入运行初期应低转速运行，并逐步放开至额定转速；同时，应加强过滤器的检查和滤芯更换。

17.2.2 生产运营阶段

17.2.2.1 风电场运行维护人员应加强齿轮箱润滑油温度监视，齿轮箱油池温度不得高于80℃，在连续运转时轴承外圈温度不得超过90℃，不同轴承间温差不得超过 15℃。油池润滑油温度必须高出润滑油倾点 5℃以上，才能使润滑油液自由循环。

17.2.2.2 定期就地检查齿轮箱的温度、振动、声音是否正常，润滑油系统应无渗漏，润滑油冷却装置滤芯压差超标时应及时清洗或更换，润滑油冷却装置散热器污堵后应及时清扫。

17.2.2.3 齿轮油应每半年进行一次取样检测，检测项目至少包括铁磁性颗粒、黏度、水含量、元素含量、总酸值 5 项。齿轮油质异常时应认真分析原因，必要时进行齿轮箱内窥镜检查。

17.2.2.4 严格按照风力发电机组和齿轮箱生产厂家要求，定期进行齿轮箱的检查与维护。每半年应更换一次润滑油冷却器滤芯，每年应进行一次齿轮箱内窥镜检查，齿轮箱开盖检查应有完善的防止异物掉入齿轮箱的措施。

17.2.2.5 严禁齿轮箱在齿轮油不合格的情况下运行，齿轮油更换周期最长不得超过 5 年。齿轮油更换时，应严格控制换油工艺，严禁新旧齿轮油混用。

17.2.2.6 齿轮箱添加齿轮油时应与原油品型号一致，更换替代油品时应通过样机试验合格。

17.2.2.7 齿轮箱弹性支撑损坏或严重变形时，应采取修复措施后方可投运齿轮箱。

17.2.2.8 风力发电机组长时间停止运行时，应解开叶轮锁，使风力发电机组处于自由旋转状态。

17.2.2.9 风力发电机组运行过程中，严禁擅自退出齿轮箱的自动保护装置或改变保护定值，自动保护装置应定期检查和校验。

17.3 防止变流器损坏事故

17.3.1 基本建设阶段

17.3.1.1 变流器生产制造过程中应委托有资质单位进行监造、监检，出厂时应逐台进行出厂检验并提供产品使用说明书，业主单位应及时向风力发电机组生产制造单位索取并存档。

17.3.1.2 变流器电机侧和电网侧的过载能力应与发电机的过载能力相匹

配，变流器在 110% 的标称电流下，持续运行时间应不少于 1min。

17.3.1.3 变流器应具有一定的功率因数调节能力，并符合产品手册规定。

17.3.1.4 变流器应满足电网的低电压穿越要求，变流器应具备调取故障波形和变流器高频数据的功能。

17.3.1.5 变流器应具备过电流保护、缺相保护、相序错误保护、电网电压不平衡保护、接地故障保护、冷却系统故障保护、过温保护、发电机欠/超速保护、过压/欠电压保护、通信故障告警、浪涌过电压保护。全功率变流器还应有电网断电保护和恢复并网保护。

17.3.1.6 变流器应根据运行环境要求安装通风散热装置和驱潮除湿装置。

17.3.1.7 变流器柜体应采取完善的屏蔽接地措施，防止受雷电感应过电压而损坏。

17.3.1.8 变流器生产厂家应提供变流器整体性能的型式试验报告。

17.3.1.9 变流器生产厂家应随机提供用于维修、检测和故障判断的软件程序。

17.3.1.10 变流器运输过程中应有防雨防潮措施，不应有剧烈振动、撞击和倒置。

17.3.1.11 变流器应按照风力发电机组生产厂家的技术要求进行并网前检查和调试，各类保护应测试合格，各项控制指令和反馈信号应正确。

17.3.2 生产运营阶段

17.3.2.1 风电场运行维护人员应加强变流器电压、电流、温度等运行参数监视，发现异常时应立即停止风力发电机组运行，查清原因并进行处理。

17.3.2.2 严格按照风力发电机组和变流器生产厂家要求，定期进行变流器的检查与维护。

17.3.2.3 应定期检查清扫变流器通风道，检查冷却水系统的严密性，冷却系统失效或温度监测故障时禁止将变流器投入运行。

17.3.2.4 应定期进行变流器柜体内的端子、插头、电缆头和设备固定螺母的力矩检查和紧固，对出现绝缘破损、过热老化的通流部件应进行更换。

17.3.2.5 检修维护变流器的控制电路板等弱电回路时，工作人员应戴防静电手环。

17.3.2.6 变流器内各个电气连接应保证正确性，电抗器、电容器、快速熔断器、电子元器件等辅助器件应在装配前筛选、测试并确认其具备正常功能，电缆截面积和电缆头的压接、焊接应满足变流器最大导通电流能力。

17.3.2.7   更换变流器柜内 IGBT、接触器、编码器、传感器、控制板等电气元件时，拆线前应做好记录。更换并网开关、变流器控制板等带有程序的器件时，应重新核对定值设定是否与设计值一致。

17.3.2.8   风力发电机组运行过程中，严禁擅自退出变流器的自动保护装置或改变保护定值，自动保护装置应定期检查和校验。

17.4   防止主轴及轮毂损坏事故

17.4.1   基本建设阶段

17.4.1.1   主轴和轮毂生产制造过程中应委托有资质单位进行监造、监检，主轴及轮毂所用材质应满足设计要求，出厂时应逐台进行出厂检验并提供出厂质量证明书，业主单位应及时向风力发电机组生产制造单位索取并存档。

17.4.1.2   主轴承及胀紧套在运输过程中应固定牢固，外观无裂纹、划痕、位移，主轴连接轮毂法兰面水平度应满足工艺要求。

17.4.1.3   轮毂应采用单键或双键把风轮的转矩传递给主轴，主轴必须装配牢固，并避免装配中应力集中。

17.4.1.4   主轴连接轮毂用高强螺栓连接副应按批配套进场，并附有产品质量检验报告书。高强度螺栓连接副应在同批内配套使用，使用前应分批次进行抽样送有资质单位检测合格。

17.4.1.5   固定主轴用的胀紧套安装工艺应符合设计要求，胀紧套螺栓应按预紧力比例对角逐步紧固，防止胀紧套受力不均；液压胀紧套在紧固完毕后应锁紧高低压注油口。

17.4.1.6   轮毂安装时，应严格执行风力发电机组生产厂家的技术要求，轮毂固定螺栓在安装前应喷涂二硫化钼并按预紧力要求进行紧固。

17.4.2   生产运营阶段

17.4.2.1   风电场运行维护人员应加强主轴承温度、风力发电机组振动等运行参数监测，发现异常应分析原因并组织处理。

17.4.2.2　限制风电场负荷时，应轮换选择降负荷的风力发电机组，避免同一台风力发电机组负荷频繁波动。

17.4.2.3　定期进行主轴和轮毂的检查和维护，主轴承油脂润滑和连接螺栓力矩应符合设计要求；目测检查发现轮毂或主轴出现裂纹或金属疲劳时，应组织进行无损探伤检测，缺陷处理前禁止投入运行。

17.4.2.4　单支撑主轴在风力发电机组机舱上分解时，应利用专用工装固定主轴，防止主轴受力变形甚至轮毂脱落。

17.4.2.5　禁止在主轴、轮毂的金属结构上进行钻孔、焊接等破坏应力的作业。

17.4.2.6　风力发电机组宜安装在线振动监测装置，并定期检查维护，保证监测装置的可靠性。

17.5　防止叶片损坏事故

17.5.1　基本建设阶段

17.5.1.1　叶片制造应由有资质单位进行监造、监检，叶片制造过程中特别注意不能出现气泡、夹层、分层、变形、贫胶等情况，叶片出厂应逐片进行检查，并提供叶片使用维护说明书。

17.5.1.2　叶片运输或存放中发生倾倒、撞击等情况时，应对叶片表面采用目测和敲击方法、内部采用超声波检测等无损检测方法进行检验，合格后方可使用。

17.5.1.3　叶轮在地面组装完成未起吊前，必须可靠固定；起吊叶轮和叶片时至少有两根导向绳，导向绳长度和强度应足够。应有足够人员拉紧导向绳，保证起吊方向。

17.5.1.4　起吊变桨距风力发电机组叶轮时，叶片桨距角必须处于顺桨位置，并可靠锁定。叶片吊装前，应检查叶片引雷线连接是否良好，叶片各接闪器至根部引雷线阻值应不大于该机组规定值。

17.5.1.5　叶轮安装时应严格执行风力发电机组生产厂家的技术要求，保证叶片排水孔畅通，前后缘无开裂；叶片轴承润滑部位应畅通，轴承转动应无异音，固定螺栓在安装前应喷涂二硫化钼并按预紧力要求进行紧固。

17.5.1.6 叶轮吊装就位后应及时连接避雷引下线，并保证与风力发电机组机舱、塔架避雷引下线、接地网可靠连接。

17.5.2 生产运营阶段

17.5.2.1 风电场运行维护人员应定期进行叶片运行声音和外观检查，发现异常应及时分析原因并进行处理。

17.5.2.2 风电场出现雾、霜、冻雨等可能导致叶片覆冰的天气，应加强对风力发电机组叶片的检查，发现叶片覆冰应立即停机处理，直至覆冰消除后方可启动风机。

17.5.2.3 发生风力发电机组超速故障停机后，应登塔查明原因，故障未消除或未经叶轮就地检查的风力发电机组禁止投入运行。

17.5.2.4 严格按照风力发电机组和叶片生产厂家要求，定期进行叶轮检查与维护。叶片排水孔应畅通，叶片根部检查孔应关闭严密；应清除变桨轴承密封胶圈灰尘及泄漏油脂，并对轮毂防腐涂层破损处进行修复。

17.5.2.5 定期进行叶轮螺栓力矩检查，若发现螺栓松动或损坏，查明原因并进行处理；出现叶片轴承损坏或叶片螺栓断裂情况后，应对同批次产品进行排查，并对临近螺栓进行超声波探伤。

17.5.2.6 按规定周期对叶片轴承进行润滑，每年测量一次叶片驱动齿轮与大齿圈的间隙，注意观察0°附近齿形的变化，磨损超过标准时应及时修复或更换。

17.5.2.7 应每三年进行一次变桨减速机润滑油取样检测，不合格时应更换新油。

17.5.2.8 定桨距风力发电机组应定期对甩叶尖装置进行检测维护，禁止机组在甩叶尖装置异常时投入运行。

17.5.2.9 叶片损坏修复时，应控制修补材料重量，保证修复后叶轮动平衡不被破坏。更换叶片时，应尽可能成组更换，叶片重量和外形尺寸增加后应进行强度校核。

案 例　　螺栓安装不到位，风电机组桨叶掉

● 事故经过

　　某年 3 月 13 日 10 时 43 分，某风电场 103 号风力发电机组通信中断；10 时 47 分，由于叶片脱离并坠落造成风力发电机组振动报警停机。运行人员到达现场检查发现，风力发电机组的一个叶片已经坠落，并落在距离风力发电机组 15m 远的地方。风力发电机组上两个叶片的其中一个叶尖也在事故中被损坏。立即打电话向风电场值班室汇报"103 号风力发电机组叶片掉落"，值班员接听电话后立即汇报风电场场长。

　　风电场场长在确认 103 号风力发电机组停机且内部无人员作业后，立即组织疏散风力发电机组周围 200m 范围内所有人员，使用警戒标示隔离。汇报上级公司领导。

● 事故原因

　　取 15 条连接轮毂和叶片轴承的断螺栓发送到风力发电机组厂家测试，其中 5 条送到第三方实验室测试断裂方式及材料特性。

　　对断裂螺栓的检查发现，螺栓有很大的疲劳损坏面积和比较小的拉伸断裂损坏面积，表明螺栓是由于疲劳造成的损坏，第三方螺栓检查表明，在风力发电机组安装时螺栓没有按照要求进行正确的润滑。螺栓缺乏润滑导致紧固螺栓时摩擦力增加，这引起了螺栓的预紧力不足，并最终导致了疲劳损坏。

● 预防措施

　　（1）本着"四不放过"的原则，依据事故调查规程深入开展事故调查，真正地使事故责任者及全公司人员都能从此次事故中吸取教训，举一反三，杜绝安全事故的发生。

　　（2）安全生产部组织人员检查风电场所有的其他风力发电机组叶片连接螺栓，发现有过力矩或未在螺栓头和螺纹处涂抹润滑剂的螺栓都需要立即更换。

　　（3）开展风力发电机组螺栓安装或定检专题培训工作，严格按照安装手册要求安装，绝不能打过力矩或未在螺栓头和螺纹处涂抹润滑剂。

18 防止风力发电机组超速事故

18.1 变桨系统

18.1.1 基本建设阶段

18.1.1.1 变桨系统应能在变桨范围内正常工作，叶片变桨速率不小于 6°/s、不同步度不大于 2°，变桨驱动器控制精度不大于 0.05°，变桨接收主控系统下发变桨距指令响应周期不大于 20ms，叶片角度反馈给主控系统时间延迟不大于 20ms。

18.1.1.2 电动变桨风力发电机组，变桨系统应设置后备电源系统，并具备充电控制功能、温控功能和系统监测功能。电池后备电源系统的电池组容量应能满足在叶片规定载荷情况下完成 3 次紧急顺桨动作的要求；电容后备电源系统的电容组容量应满足在叶片规定载荷情况下完成 1 次以上紧急顺桨动作的要求。

18.1.1.3 液压变桨风力发电机组，变桨系统应配置储能装置，在液压油泵电源消失后应能满足在叶片规定载荷情况下完成 1 次紧急顺桨动作的要求。

18.1.1.4 变桨距系统的过载能力应达到，在 2 倍额定电流下，持续运行时间不小于 3s。

18.1.1.5 变桨距风力发电机组的叶片应有编码器，实时计算桨叶角度，在桨距角 90° 附近应设置限位开关。

18.1.1.6 定桨距风力发电机组的甩叶片装置，应能在紧急停机触发后释放钢丝绳甩出叶尖。

18.1.1.7 变桨控制柜的防护等级应达到 IP54，控制柜内应有防止结露或受潮的加热器。

18.1.1.8 变桨系统应按照风力发电机组生产厂家的技术要求进行检查和调试，在变桨通信信号中断、变桨控制器电源消失等紧急情况下，能自动触发停机实现顺桨；变桨系统控制柜内电源开关跳闸及开关柜门甩开等情况应能通过电气开关触发报警。

18.1.2 生产运营阶段

18.1.2.1 风电运行维护人员应加强变桨距风力发电机组叶片角度等参数监视，任意两支叶片角度误差超过 2°时应停止风力发电机组运行。

18.1.2.2 达到超速保护定值后风力发电机组未自动报警停机，须立即采取手动方式强制顺桨停止风力发电机组运行，并分析原因进行处理。

18.1.2.3 电动变桨风力发电机组每月应进行一次蓄电池组或超级电容紧急顺桨测试，蓄电池组或超级电容容量达不到设计要求时应及时更换。液压变桨系统风力发电机组每月应进行一次储能装置紧急顺桨测试。

18.1.2.4 严格按照风力发电机组生产厂家要求，定期进行偏航系统的变桨轴承外观、润滑情况和变桨驱动情况的检查与维护。

18.1.2.5 定期检查变桨电机温度、减速机油位、驱动轮与大齿圈的间隙以及变桨编码器的紧固情况。

18.1.2.6 每年对蓄电池组单体电池内阻和端电压进行测试，内阻超过额定值 30%，且单体蓄电池端电压低于额定 90% 或容量低于 70% 的蓄电池，应进行整组更换。

18.1.2.7 采用齿形皮带传动的变桨系统，应定期对皮带的外观进行检查，对于开裂、腐蚀、磨损超标的皮带应立即更换，每年利用张力测量仪对皮带的振动频率进行测试。

18.1.2.8 每年对变桨滑环进行一次清洗，滑环内应无灰尘、金属屑并无放电、过热痕迹，对于磨损严重、有放电痕迹的变桨滑环应及时更换。

18.1.2.9 风力发电机组运行过程中，严禁擅自退出变桨系统的自动保护装置或改变保护定值，自动保护装置应定期检查和校验。

18.2 制动系统

18.2.1 基本建设阶段

18.2.1.1 风力发电机组的制动系统至少包括叶片空气动力刹车、高速轴（或低速轴）机械刹车两套装置，且二者在动作顺序上应分为一级制动和二级制动。控制系统按制动方式分为正常制动和紧急制动不同模式来驱动不同的制动器。

18.2.1.2 正常制动方式下，作为一级制动的空气动力刹车，其动作时间应早于二级制动的机械刹车。在紧急制动方式下，一级制动装置和二级制动装置应同时按预定程序投入。各级制动装置既可独立工作又要在切入时间或切入速度上协调动作。

18.2.1.3 除制动装置外，在适当位置应设计有风轮的锁定装置。

18.2.1.4 风力发电机组制动系统应具有信号反馈功能，与控制系统相匹配，机械摩擦制动应设有磨损极限报警值，提醒维护人员更换刹车片，刹车表面应用盖子、防护板或类似物进行保护。

18.2.1.5 机械刹车盘、刹车块的尺寸及材料应满足适用温度及强度要求，并应具有力矩调整、间隙补偿、随位和退距等功能。

18.2.1.6 制动系统应具有失效保护功能，当出现故障或驱动源失效时，制动系统能够使风力发电机组处于安全制动状态，制动器的响应时间应不大于 0.2s。

18.2.1.7 在制动系统具有多个摩擦副的情况下，同一级制动装置各个摩擦副之间的最大静态制动力矩差值不应大于 10%。

18.2.1.8 在非制动状态下，摩擦副的调整间隙在任何方向上均应在 0.1~0.2mm 之间；制动状态下，摩擦副工作表面的贴合面积应不小于有效面积的 80%。

18.2.1.9 驱动机构产生推力值的变化范围不应超过额定值的 5%，动作应灵活可靠、准确到位，采用液压驱动的机构及管路应具有可靠的密封性能。

18.2.1.10 制动系统应按照风力发电机组生产厂家的技术要求进行检查和调试，制动系统制动应有效可靠。

18.2.2 生产运营阶段

18.2.2.1 定期检查液压刹车系统液压油系统泄漏情况、系统储能罐压力情况，液压油泵能够按照设计压力实现自动补压。

18.2.2.2 定检中应对刹车时间、刹车间隙、刹车油泵的自动启停进行测试，不满足技术要求时禁止机组投运。

18.2.2.3 刹车盘平面度应满足设计要求，刹车间隙应调整适当，出现裂纹及磨损超标的刹车盘、刹车片要及时更换。

18.2.2.4 刹车盘表面有油污或结冰情况时应清理干净再启动机组，刹车盘受高温烘烤后应进行更换。

18.2.2.5　刹车执行装置、转速检测元件应保证外观完好，动作无异常，且反馈信号与动作执行指令状态应保持一致。

18.2.2.6　制动系统自动保护装置应定期检查和校验。液压系统有未查明的故障、缺陷时，严禁采用退保护或改定值做法将风电机组投入运行。

18.2.2.7　在主轴与胀紧套间应进行标记，用以检查主轴在胀紧套内是否打滑或攒动。

18.2.2.8　巡检时应检查弹性联轴器处是否有过力矩情况，若存在过力矩应做好标记及监测，在更换发电机或定检中应进行纠正。

18.3　控制系统

18.3.1　基本建设阶段

18.3.1.1　风力发电机组应配备两套独立的转速监测系统，其中至少有一个转速传感器应直接设置在风轮上。任一路转速信号出现异常，应停止机组运行。

18.3.1.2　超速继电器定值设置完毕后应进行检验，对设置完毕的拨码开关应做好标记，用于设备巡检时校对。

18.3.1.3　风力发电机组超速保护应分开软件和硬件并分开设计，软件超速来自于程序计算，硬件超速独立串联于风力发电机组安全链中。超速保护的设计应采用两级定值，一级超速用于告警，二级超速用于风力发电机组急停。

18.3.1.4　控制系统设计应有备用紧急电源，在电网突然失电的情况下应能独立供电不少于 30 分钟，保证机组安全停机，并对重要数据实现保存。

18.3.1.5　机组安全链的设计应为失效保护原则，即发生风力发电机组超速的同时电网失电，安全链仍应保证机组能可靠停机。

18.3.2　生产运营阶段

18.3.2.1　应定期检查风力发电机组转速传感器和码盘应固定可靠、无油污破损和间隙过大情况。

18.3.2.2　每半年应对风力发电机组的变桨系统、液压系统、刹机构、机组安全链等重要安全保护装置进行一次全面检测试验。

18.3.2.3 更换超速模块或超速继电器时应进行检验，确认定值正确、动作时间满足设计要求。

18.3.2.4 每年应对超速保护进行一次校验，宜用波形发生器或修改转速定值的方法对检测元件、逻辑元件、执行元件进行联动测试。测试完毕后应立即恢复原定值，定值恢复完毕后应经过第二人核对，并在试验记录上签字确认。

18.3.2.5 更换安全模块时应重新进行安全链的调试，确认全部触发条件及命令输出正确无误，方可投运。

18.3.2.6 控制系统刷新程序应做好记录，包括程序版本、时间、操作人员。刷新程序前应对原程序进行备份，并保存风力发电机组历史数据。程序刷新后的风力发电机组应进行全面的测试，确认无误后方可投运。

18.3.2.7 风力发电机组故障处理过程中，严禁通过屏蔽控制系统的自动保护功能或改变保护定值的方式，使机组恢复运行。

案 例　切换把手被误切　控制回路出异常

● 事故经过

某风电场 A 号风电机组运行正常，风速 9.3m/s，有功功率 1169kW，转速 17.95r/min，传感器检测值为 17.93r/min，三个叶片角度分别为 1.37°、1.3° 和 1.3°。

13 时 04 分，某值班人员在风电场控制室操作监控画面 85 号风电机组时，错误的对 A 号风电机组进行重启 PLC，风电机组有功降为零，13 时 04 分 52 秒，风电机组转速飙升至 38.03r/min，该值班人员再次对 A 号风电机组进行重启 PLC，超速传感器检测值到达 38.08r/min，而三个叶片角度仍保持在 1.54°、1.45° 和 1.47° 未执行收桨指令，此时变桨电机电流均为 0。此后风电机组处于超速空转状态下，转速最大到达 43.77r/min（风电机组轮毂设定最大转速为 23r/min）。发现风电机组超速后，在控制室采取的所有措施均无效，即刻打电话通知现场人员。13 时 26 分左右，厂家维护人员赶到 A 号风电机组现场，手动对三个桨叶收桨，收桨后轮毂转速逐渐降低，直至安全停机。

● 事故原因

（1）风电机组轮毂控制继电器16K4、36K4、56K4"手动／自动"切换把手被误切至手动位导致收桨控制回路异常是本次超速事件的主要原因（继电器吸合、T2类较重故障收桨系统被屏蔽）。

（2）主控室误操作，重启了运行中的A号风电机组，引发了风电机组超速，即重启风电机组PLC，网侧断路器跳闸，风电机组与系统解列，风电机组转速上升触发T2类故障，但因轮毂控制继电器16K4、36K4、56K4被强制吸合，风电机组桨叶不能顺桨，机头对风空转，轮毂转速迅速升高。

（3）程序设计未考虑从高级别T2类故障收桨系统实现切换到较低级别的T1类故障收桨系统，也是不能实现紧急情况下收桨的一个原因。

● 预防措施

（1）对风电机组进行全面彻底检查，特别是对轮毂控制继电器16K4、36K4、56K4"手动／自动"把手位置进行排查，确保在"自动"位置，并粘贴"禁止操作"标识。

（2）对风电机组控制逻辑设计进行修改，当T2类故障不能实现紧急收桨时，实现从高级别收桨系统切换到低级别收桨系统，确保风电机组可靠收桨。

（3）风电机组发生故障停机后，运行人员要对相关系统、参数检查研判到位，重要的信息做好记录并及时汇报，禁止进行不明确报警的复位操作，杜绝盲目启机。

（4）结合现场设备，加强对风电机组软件逻辑、硬件性能的技术培训。

（5）对所有风电机组排查紧急收桨回路自检程序，排查超速试验、振动试验、急停试验的保护程序，针对程序异常的风电机组进行隐患治理。